Rumoxil
Gold
Capsule
&
Oil
ORGANIC-COTTON GODOWN

FFID
COAPCL
Chetna Organic
HIMANSU
haco PEACE BY PEACE COTTON PROJECT
Thanks all customer
this farm is
made of your love

BABI
MAJHI
Simplicity
Truthfulness
Uniformity
Discipline
Education
Non-violence
Talent

Self Development Goals

セルフ・デベロップメント・ゴールズ

SDGs時代のしあわせコットン物語

一般財団法人PBP COTTON代表理事
葛西龍也
Kasai Tatsuya

双葉社

はじめに

はじめまして。一般財団法人 PBP COTTON の代表理事の葛西龍也（かさいたつや）です。
財団法人といっても、どこかのお金持ちが設立した、たくさんのお金があってたくさんの職員さんがいるような団体ではなく、メンバーは非常勤の有志の集まりで、必要経費を除いて基本的にお金はすべてインドの農家に寄付しているという、部活のような組織です。

僕自身も普段は普通のサラリーマンで、「フェリシモ」という衣料や生活雑貨などを扱うカタログ通販の会社で、アパレルを主業務とした事業企画や商品企画、カタログやウェブサイト制作に携わってきました。

毎日の仕事の中で、ふとした時に、少し離れたところの社会課題に直面し、自分の関わる仕事の延長線上で、誰かが苦しんでいたり、困っていたりしている、という事実を知りました。そこから目を背けず、何かできることはないか、どうしたら少しでも関わる皆がしあわせになれるだろう、と考えて、動いて、続けてきたことが、テレビに取り上げられたり、「本を出してみないか」と誘ってもらえる活動になりました。

もちろん、簡単な道のりだったわけではありません。そして、問題がすべて解決したわけでもありません。まだまだ、「前より少しだけ良くなったかもしれない」程度です。

でも、ひとりの人間の「思い」が少しずつ個人の壁を超え、組織の壁を超え、「自分自身」の成長を通じて、会社や組織を巻き込んで大きな目的のために大きな力となっていくプロセスを振り返って見直してみるところまでは来たのかな、と思います。

最近「ＳＤＧｓ」という言葉をよく目にするようになりました。ＳＤＧｓとは、「Sustainable Development Goals（サステナブル・デベロップメント・ゴールズ）」を略したもので、日本語では「持続可能な開発目標」と訳されています。地球が今後も持続していくために、今我々がするべきこと、とでも考えればいいでしょうか。企業や公共団体が取り組むべき目標だと認識している人もいるかもしれませんが、この目標は、企業だけではなくこの地球にいる人類全員、一人ひとりが主体的能動的に取り組まなければならないものです。

ですから、僕は、このSが「Sustainable」だけではなく、同時に「Self」のSでもあると考えています。つまり、「Self Development Goals（セルフ・デベロップメント・ゴールズ）」＝自分自身の成長目標です。ひとりの人間の「自分自身」の成長が、大きく世の中の未来につながっている。

本当の支援とは、どういうことなのか。持続可能な社会とは、どういう社会なのか。会社とは、組織とは、閉じ込めるためにあるのか、開き続けるためにあるのか。どうすれば地球全体がしあわせになれるのか。

一サラリーマンが書いたおぼつかない文章ではありますが、本書が皆さんがそういったことを考え、動きはじめるためのきっかけになれたら幸いです。

セルフ・デベロップメント・ゴールズ
SDGs時代のしあわせコットン物語

contents
目次

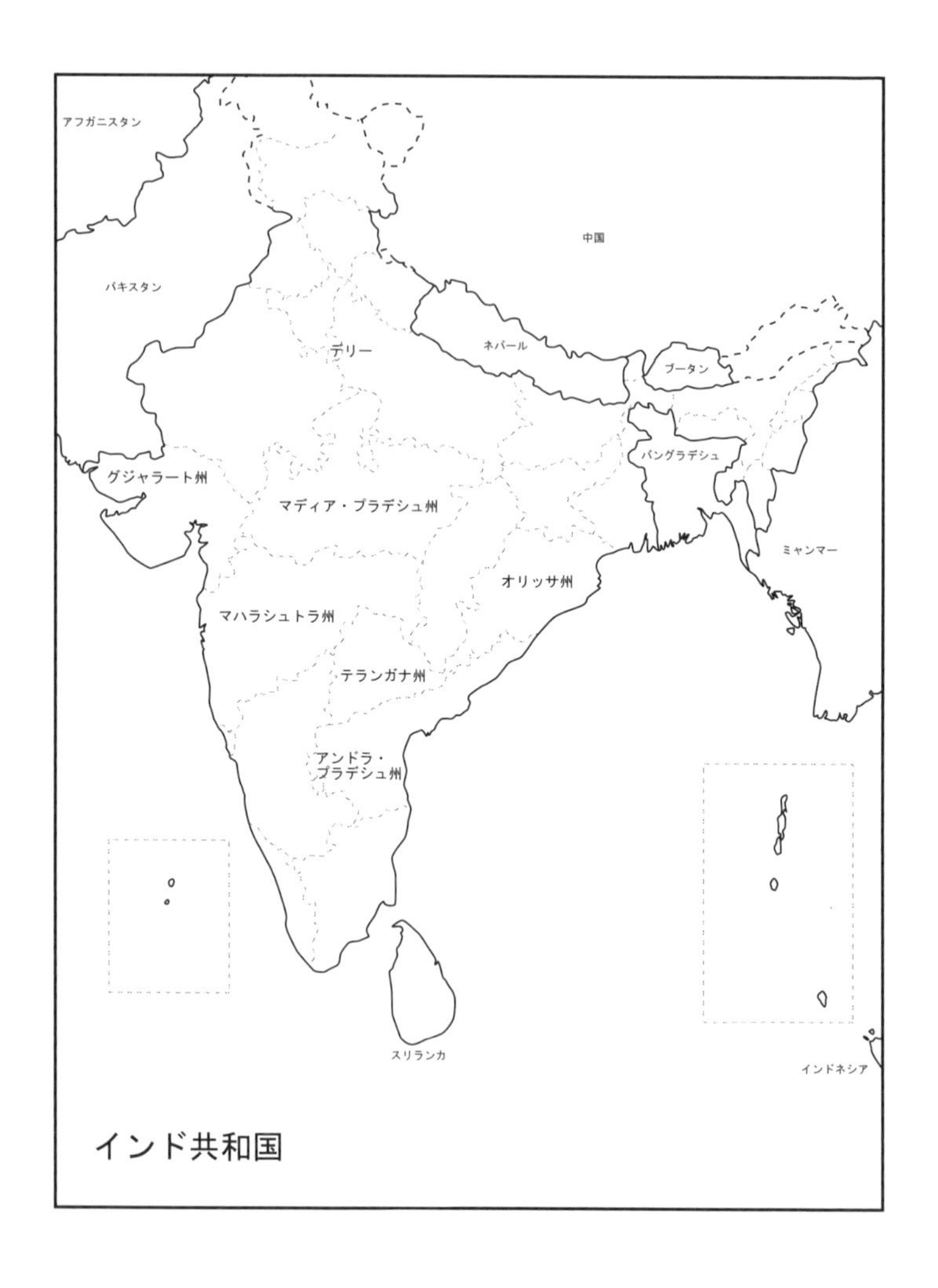
アフガニスタン
中国
パキスタン
デリー
ネパール
ブータン
バングラデシュ
グジャラート州
マディア・プラデシュ州
ミャンマー
オリッサ州
マハラシュトラ州
テランガナ州
アンドラ・
プラデシュ州
スリランカ
インドネシア
インド共和国

第1章 ― 2019年に見たインドの風景

牛が着飾り、ヤギが鈴をつけ
猫も犬も、なににもつながれていない
どこの家の子かは関係なく
学年も関係なく
男女も関係なく
みんなが、みんなと生きている

州政府の職員になった青年

11月、インドの**オリッサ州**（※1）は、土煙で少し埃っぽいことも含め、いつものように心地よい気候でした。村の広場に敷かれたゴザの上での農家とのミーティングを終え、トレッキングシューズの紐を結び、土の上に無造作に転がる牛と羊と山羊の糞を軽快に避けながら、遠くに見える溜池のほうから聞こえる子どもたちのはしゃぎ声に近づこうとした時、ひとりの青年からたどたどしい英語で話しかけられました。

「僕はカラハンディ地区の農家の息子です。奨学金をいただき、進学した大学で勉強して、卒業後に**チェトナ・オーガニック**（※2）のフィールドスタッフをしていました。その後、試験に合格して、オリッサ州政府の農業担当の職員になることができました。今は綿花のマスタートレーナーをしています」

僕は、なんと言っていいかわからない感情とともに、目からこぼれる汗をごまかしながら、彼と強く握手し、ハグして、肩を組みました。そして、日本から来ていたメンバーを大声で呼んで、一緒に彼を祝福しました。

2010年6月のインド事業開始まで**JICA**（※3）インド事務所次長として事業形成に

奔走してくれた山田浩司氏、同じく現地での事業形成と実施監理をサポートしてくれた榎木美樹氏、**テキスタイル・エクスチェンジ**（※4）の稲垣貢哉氏、プロジェクトをＩＴの面で強化することを目的に参加してくれた**電警（現・エヌエルプラス**（※5））の笠間一生氏、プロジェクト立ち上げ当時に雑誌とのコラボ商品を一緒に企画してくれ、この書籍の担当者でもある双葉社の谷水輝久氏、そして、インド産コットンを製品化するために尽力していただいた繊維商社の**豊島**（※6）や**ヤギ**（※7）の面々。

皆が彼と握手し、これから実施していくであろう彼の施策や成果について語り合いました。すると、彼の目はどんどん自信と希望に満ち溢れていきました。

２０１２年に彼は、ＰＢＰコットンプロジェクトから高等教育を受けるための奨学金を受けました。当時、19歳。今もなお伝統的社会制度の影響が色濃く残るオリッサ州では、将来的に農家になるしかない、はずでした。19歳であれば確実に進学することはできず、働いていたことでしょう。

農家が私たちのプロジェクトに参加する条件のひとつに「児童労働の禁止」があり、それによって彼は学校に通学でき、さらに成績が優秀だったことから奨学金を受けることができたのです。

彼は、大学で政治学を学んだあと、卒業後は私たちのプロジェクトの現地パートナー、チェトナ・オーガニックのスタッフとして就職しました。3年間、フィールドスタッフとして真面目に働きながら、さらに勉強を続け、オリッサ州政府の試験に合格し、農業担当の職員になって、恥ずかしそうに僕に声をかけてくれたのです。

彼の他にも、看護師になったり、教師になったり、奨学金の支援で高等教育を受け、自分が育った村に戻ってきた子どもたちがたくさんいます。

かつて農業を手伝うために働いていた子どもたちは、学校に通うことができるようになり、さらに奨学金によって高等教育を受けて村に戻り、今度は村をサポートする側に回りはじめているのです。

2010年、本格的に現地でPBPコットンプロジェクトの支援が始動し、2019年に迎えた10年目。その節目とも言える年に、これまでそれぞれの立場、さまざまな形でプロジェクトに関わってくれたメンバーが一堂に会し、10年前にまいた種の芽が出て花が咲き、実りはじめている現場を視察することができたのです。

本当のサステナブルとは何か、ということを感じさせてもらえた大きな出来事でした。

PBPコットンプロジェクトとは

ＰＢＰコットンプロジェクトとは、正式名称を「PEACE BY PEACE COTTON PROJECT」といい、フェリシモが発行していた通販カタログ「haco.[※8]」（現在は「haco!」として、ウェブサイトで運営）の２００８年冬号で発表したプロジェクトです。

インド産オーガニックコットンで作られた製品に１着数百円程度の基金をつけて販売し、お客様から集まった基金を活用してインドの貧困綿農家の有機農法への転換支援を行います。出来上がったオーガニックコットンを市場から買って再度製品の生産へとつなげていくことで、循環しながら農家の生活改善、土壌の環境改善を行っていくプロジェクトです。プロジェクトの参加条件として農家の子どもたちの児童労働の禁止を求めており、未就学児童の就学支援、復学支援、および成績優秀な児童には高等教育への奨学支援も行っています。

プロジェクトの着想から現在で13年、インドのチェトナ・オーガニックという現地ＮＧＯを通じて、彼らが支援している綿農家をさまざまな面からサポートしてきました。これまでの総基金額は、日本円で１億１４４４万４９１円、有機農法に転換した農家は１万５

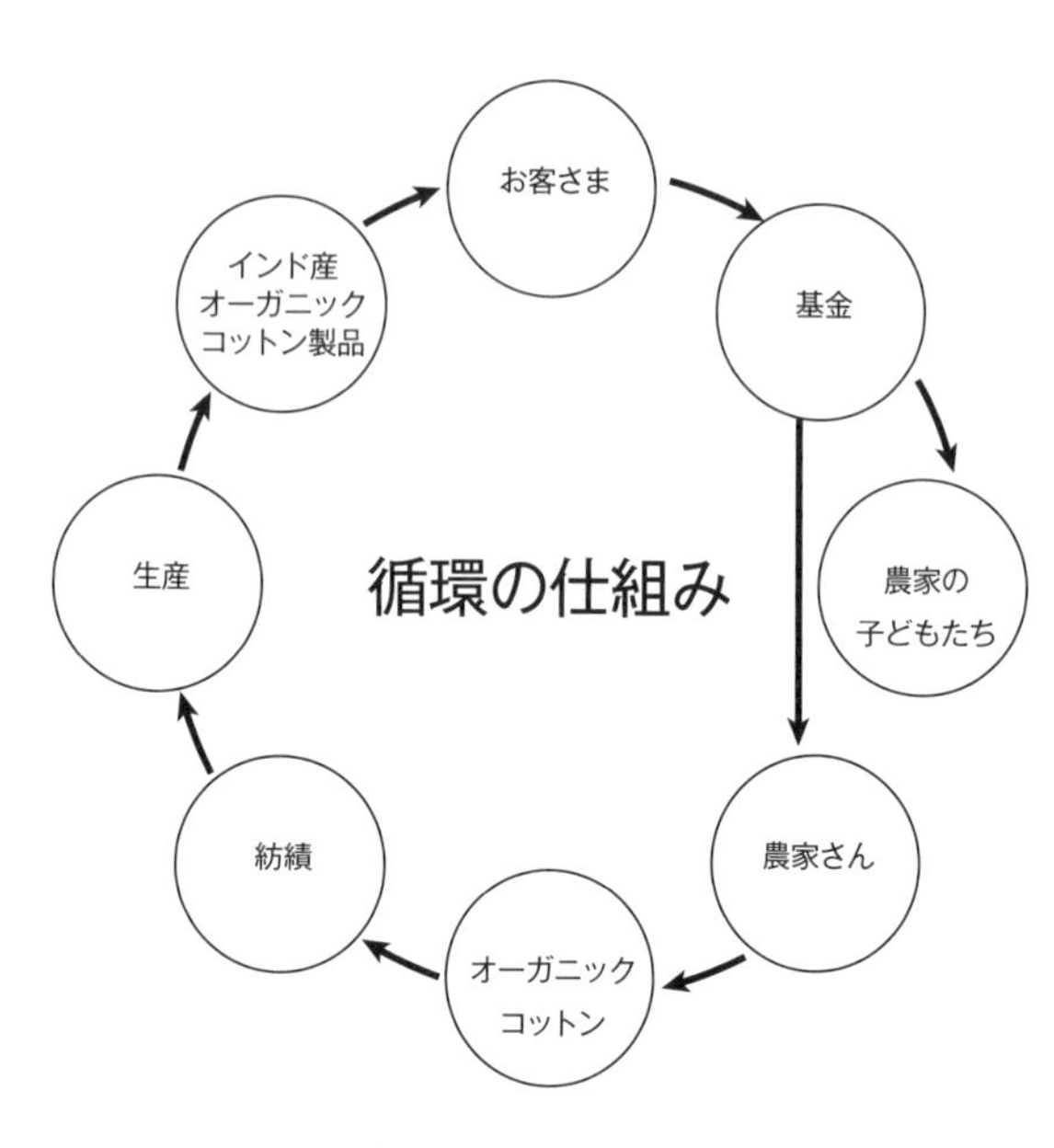

079世帯、復学した子どもの数は2064人、高等教育奨学金の給付を受けた子どもの数は928人です（2020年3月現在）。

当初、一企業の一事業部の一プロジェクトとしてスタートした活動でしたが、少しずつ協力してくれる仲間を増やしながら、会社全体を巻き込むプロジェクトとして昇華、そして一社のみならず、社会を巻き込むプロジェクトとするために、2017年に一般財団法人を設立して活動をオープン化しました。現在、さまざまな所属の人たちがメンバーとして参加し、複数の法人会員に支えられて、ともに未来を描いています。

こう書くとトントン拍子に進んでいっ

たプロジェクトなのか、と思われてしまうかもしれませんが、現実は常に艱難辛苦（かんなんしんく）、ドタバタでギリギリの日々でした。

僕のサラリーマン人生で予想外とも想定外とも言えるＰＢＰをめぐる日々、おおよそが常に辛く、時にやりがいや達成感を得ることができた日々を綴っていこうと思います。

※１　オリッサ州

インド東南部の州。人口約４０００万人。その半数近くが貧困に苦しみ、国内でも貧しい州に入る。農村人口比率は85％を超える。近年は豊富な天然資源に注目が集まっている。２００９年に英語名称を「オディシャ州」に変更。

※２　チェトナ・オーガニック

インド中央部の３州で、オーガニックコットンを栽培している農民組合。凶作の年に一帯で起こった飢餓と農民の借金苦による自殺問題をきっかけに、２００４年に発足。

http://www.chetnaorganic.org.in/

※３　ＪＩＣＡ

Japan International Cooperation Agency の略称。独立行政法人国際協力機構。外務省が所管する政府開発援助の実施機関のひとつで、開発途上地域等の経済及び社会の発展に寄与し、国際協力の促進を支援することを目的としている。

※４　テキスタイル・エクスチェンジ

２００２年に結成された非営利団体オーガニック・エクスチェンジが、２０１０年にテキスタイル・エクスチェンジに改称。世界の繊維産業の有害な影響を最小限に抑え、プラスの影響を最大化するべく活動している。

※５　エヌエルプラス

株式会社エヌエルプラス。２００９年、インターネットセキュリティ事業を主とした会社として設立。現在ではＩＴを軸としたソリューションカンパニーに成長。20年、社名を電響から変更。

https://nl-plus.co.jp/

※６　豊島

豊島株式会社。１８４１年創業の繊維専門商社。２００５年から、オーガニックコットンを通して、地球環境に貢献しようという思いから、「オーガビッツ」をスタートさせる。

https://www.toyoshima.co.jp/

※７　ヤギ

株式会社ヤギ。１８９３年創業の繊維専門商社。「続けよう、未来のために。」をコンセプトに、サステナブルな活動「ヤギシカル」に取り組んでいる。

https://www.yaginet.co.jp/

※８　haco.

２００４年に「フリースタイルなヒトのツーハンカタログ」として創刊。15年、「haco.」から「haco!」に改称し、カタログを休刊、以降ウェブサイトでの通販に移行している。

https://www.haco.jp/

第2章

自分の仕事で誰かを助けることができるかもしれない

戦争は国家の富の拡大を求めて
引き起こされるものだが
商いは敵も味方も関係なく
お互いがともに豊かにしあわせになる
富の生産方法だ

しあわせ社会学の確立と実践。フェリシモの社員として

これから、インドについてのストーリーを書く前に、少しだけ僕の所属する株式会社フェリシモ（兵庫県神戸市）という会社について紹介させてください。なぜなら、「フェリシモイズム」とも言える思想や哲学が、これまでの僕のインドでの活動に大きな影響を与えているからです。

フェリシモは、１９６５年に株式会社ハイセンスとして設立されたカタログ通信販売の会社で、主に女性向けの洋服、生活雑貨、インテリア、下着の他、手作り用品、趣味用品、食品などを販売しています。

カタログを発行し、ハガキや電話を使って商品を申し込むという、70年代以降日本で広く普及したスタイルの通販で成長した企業です。顧客との継続的関係性を重視しており、毎月商品が届く定期便をご存知の方が多いかもしれません。

フェリシモは「しあわせ社会学の確立と実践」を企業理念としており、事業を通じた社会文化活動や課題の解決につながるビジネスにも常に目を向けている会社です。

僕が入社したのは１９９９年。入社当時、１冊まるごとエコグッズだけのカタログや、

すごくおしゃれな**フェアトレード**（※1）のカタログを発刊したり、ニューヨークにあった子会社を通じてユネスコとのコラボレートプロジェクトを手掛けたりし、感性と理念が融合したとても魅力的な会社でした。

前身となるハイセンスの創業者である故・矢﨑又次郎氏は、根っからの大阪商人だったそうです。そして、生前は、「商人（あきんど）たれ」というのが口癖だったと言います。

彼は、30代を戦争捕虜として過ごし、そこで「戦争は、国家の富の拡大を求めて引き起こされるものだが、商いは、敵も味方も関係なく、お互いがともに豊かにしあわせになる富の生産方法だ」という考えを持つようになったと言います。

自分が商売をするにあたっては、近江商人が大切にしていた考え方「三方よし」の哲学を実践していたとも聞かされました。「三方よし」とは、「売り手」「買い手」「世間」の三方が良くなるという意味で、彼自身はそういった商売を目指していたそうです。つまり、売り手も買い手も満足し、さらに社会貢献ができるのが理想の商売の形であるという考え方です。

父の社業を引き継いだ2代目の社長・矢﨑勝彦氏（入社時、すでに会長に就任していました）もこの考え方を継承しつつ独自に発展させ、「しあわせ社会学の確立と実践」という経営理念を掲げていました。

僕は入社後の新人研修を経て、ファッション部に仮配属され、その後インターネットの受注処理、ホームページ作成などの部署に本配属になりました。同時に、会長から声をかけていただき、経営戦略室での業務も兼務することになりました。

ここでは社内各部署に向けた会長の講話のセッティングが主な仕事でした。各部門の課題に対する会長の講話を繰り返し聞いていると、会社がすべきことへの本質的な理解が深まるとともに、会長の思考の枠組みがよりクリアに見えてくるようになりました。

会長は、洋の東西を問わず世界中の幸福論を熱心に研究しており、中国の王陽明哲学にも造詣が深く、よく王陽明の「知行合一（ちこうごういつ）」、つまり知識と行動は常に一致していないといけないという話をしていました。王陽明哲学では、人はそもそもオギャーと生まれた時には善人でも悪人でもないと考えられています。成長するにつれて、だんだん世の中の色に染まっていくのだと（「格物致知」「致良知」）。

組織に属する人間も同じで、入社した時は大きな志（こころざし）を持っていても、次第に自分の良心のあり方とはまったく関係なく、組織の論理に従わざるを得ないことが増えていきます。そんな日々を繰り返す中で、多くの人が仕事は仕事として割り切り、プライベートを大切にするべき、と考えるようになります。

しかし、そもそも自分の人生が「24時間×日数」しかない中で、少なくとも1日8時間、週40時間、月160時間、ただ拘束されているだけでは仕事の奴隷です。

会長は、「皆、プライベートの旅行の計画は綿密に立てるのに、なぜ自分の人生という一度しかないかけがえのない旅の計画は放置するのか。どうせなら組織という船の力を借りて、人生という旅を最良のものにせんか」といつも言っていました。

自分の良心が高まる衝動に素直に従い、やりたいことを組織の中で行う。それによってむしろ組織自体が変わり続けなくてはいけない、ということを教えられました。

会長の説話の中で、繰り返し述べられていたのが以下の5つです。

・モノはあくまでも手段でしかない　手段を目的化してはいけない。
・「消費者」ではなく「生活者」と呼べ。消費のために生きる人などいない。
・人が変わる、組織が変わる、社会が変わる。最小単位はひとりの人である。
・自分の世代のことではなく、将来世代視点ですべきことを考えなさい。
・カタログ販売を「無店舗」と考えるな。お店にできないことをする「超店舗」だ。

つまり、「モノを売るな、お客さまと一緒に作る将来世代に向けた未来を考えろ。そしてその主体は、他ならぬ君自身や。場所や立場に囚われず、どんどん広げて発想せよ」ということを、往々にしてサラリーマンとして消費者にモノを売りがちな僕たちに、口を酸っぱくして「そうではない」と伝え続けていたように思います。

そして、そういった会長の考え方をもとに、フェリシモという船の船長として、事業性・社会性・独創性の3つの輪の重なる事業を展開すると宣言して、さまざまなプロジェクトに取り組んでいたのが、3代目であり現在もフェリシモの社長である矢崎和彦氏です。

利益とは未来への活動の原資であること、事業活動を通じて社会課題を解決すること、表層の真似をせず創造力で本質を見抜くこと、という3つの輪は、現時点でやっていることに囚われることなく、常に新しく3つの輪が一致する事業を探すという姿勢につながります。「従業員に役割とステージを提供することが私の使命である」と常に公言して、社歴の長短を問わず、社員や社会の夢を形にすることに時間と労力を惜しまない社長です。メールは常に直通、突然新入社員が事業提案をしても、ふむふむと聞いて可能性を導き出してくれます。社長は早くから経済産業省・特許庁が提唱する「デザイン経営」にも取り組んでいて、広義の意味でも狭義の意味でも感性に訴える重要性を説いて、複雑に構造化しがちな哲学の、感覚的瞬間的導入の可能性にも熱心に取り組んでいます。

この、3代にわたる矢崎家の教えは、今でも自分の社会人生活に大きな影響を与えています。

僕は、フェリシモに入社して以来、さまざまなプロジェクトの立ち上げに関与してきましたが、そういった行動を起こせたのは、幸運にも会長と社長から直接フェリシモの哲学、フェリシモイズムとも言える思想や思考を教えてもらえたからこそだと考えています。

※1　フェアトレード
途上国で作られた作物や製品を適正な価格で継続的に取引することによって、生産者の持続的な生活向上を支える仕組み。消費者がフェアトレード商品として知って購入でき、身近な国際協力として1960年代にヨーロッパから広まった。

9・11と「LOVE & PEACE」Tシャツ

入社2年目の2000年、僕はフェリシモの若年層顧客の開拓というプロジェクトチームに参加することになりました。翌2001年には、これからはインターネットの時代だ、ということで、カタログだけでなくホームページを開設して、顧客からの意見を取り入れながら商品開発を行う、「NUSY（ヌージー）」というファッションブランドが生まれました。

自分でホームページを作り、顧客から寄せられる注文や意見などのメールに一つひとつ目を通し、意見を吸い上げて形にするポジションでした。通信販売という特性上、普段顧客と直接会って話すことがないため、メールで寄せられる注文や意見はとても刺激的で、顧客とのつながりを感じる充実した日々でした。

秋号のカタログができ、ホームページを更新し、いつものように残業して帰宅したある日の夜、テレビをつけると、とんでもない光景が目に飛び込んできたのです。

それが、2001年9月11日、アメリカで起こった同時多発テロ事件です。ニューヨークの世界貿易センタービルに旅客機が突っ込み、さらに別の旅客機もビルに飛び込み、黙々と噴煙が上がっていました。その日以降、ニュースは毎日この事件の映像ばかり。約1ヵ月後の10月7日には、アメリカの他、連合諸国によるアフガニスタンへの空爆が開始されました。ニュースの映像は日を追うごとに悲惨なものになっていきました。戦争が起きたのです。

そんな時、NUSYのホームページを経由して、お客さまから1通のメールが届きました。

「毎日繰り返し放送される悲惨な映像に心が痛んでいます。きっとみんなそう思っています。ＮＵＳＹでなんとかできませんか？」

遠い国で起きていた事件が自分の仕事とつながった瞬間でした。

「ＮＵＳＹで……？」

「なんとか……？？」

「できませんか？？？」

えっ？　何かできる……のか？　アメリカにもアフガニスタンにも何のつてもないし、もちろん戦争を止めることなんてできない。

でも、何ならできる？　できるとしたら服を作って売ることぐらいです。会長も、モノは手段でしかない、と言っていた。お客さまたちだって、このなんとも言えない気持ちを伝えたいと思っている。目的のために手段を使うとすると……。

そこで生まれたのが、〝私は戦争に反対しています〟というメッセージ付きＴシャツを作って基金付きで販売し、集まった基金で被害者を支援する、というアイディアでした。

皆がそれぞれできることをしていけば、その一つひとつは些細なことだとしても、それが積み重なってつながっていったら、何か大きな力になるのではないか。僕が行きついた結論はそこでした。

デザイナーはデザインをする。縫製工場の人はＴシャツを縫う。僕たちはそれを販売する。お客さまはそれを買って、着て、街を歩く。このつながりの中で、一人ひとりが自分の主体的役割認識を積み上げていけば……。

このTシャツプロジェクトは「LOVE & PEACE PROJECT」（以下、LOVE & PEACE）と名付けられました。遠くベトナム戦争の時代、アメリカの若者たちがこのメッセージを通じて反戦を訴えたように。どちらが悪いとか、そういうことは判断できないけれど、子どもの未来を奪う権利はどんな大人にもないはずだ、と。

いくつかのデザイン案を考え、NUSYのホームページでデザインの人気投票をすると、多くの人から意見が集まりました。

そして、ネイビーのボディにオレンジの文字で「LOVE AND PEACE FOR CHILDREN FOR ALL OVER THE WORLD」というメッセージをプリントしたTシャツができあがりました。

Tシャツを、1枚1500円で販売し、そのうち300円を基金として積み立てる。その基金は、アメリカとアフガニスタンで親を失った子どもたちの教育支援や自立支援に活用する、というのがこのプロジェクトの枠組でした。

このことをできるだけ多くの人に知ってもらいたいと、社長室に飛び込み、直談判。社長もじっと僕の目を見ながら話を聞いてくれ、「よし、いけ」と言ってくれました。

そして、「LOVE & PEACE」Tシャツの全面広告を新聞に出しました。

キャッチコピーは、「私たちにできること。」

新聞社も趣旨に賛同してくれ、破格の出稿料で掲載してくれました。

10月中旬にメールが届いてから2ヵ月、12月になっていました。真冬であったにもかかわらず、この半袖Tシャツは新聞での発表後、すぐに5000枚の注文をいただき、以後1年間で7万枚を超える大きな反響につながりました。勇気を出して1通のメールを送ってくれたお客さまからはじまったムーブメントは、1年間で総額2100万円を超える基金を集めることになり、ニューヨークで活動するNPO（＝Non-Profit Organization、非営利団体）に1050万円、アフガニスタンを支援するNGO（＝Non-Government Organization、非政府組織）に1050万円を拠出することができました。

これが僕の、事業性・社会性・独創性の3つの輪がつながる事業展開の原体験になりました。

その後も毎年、その時そのときで形を変えながら、「LOVE & PEACE」をテーマにした商品の販売を続け、今でもこの活動を継続しています。

このプロジェクトでは、何の計画も、予算も権限もなくたって、たった1通のメールから、その気にさえなれば、自分たちのできることから未来につながる活動を広げていくこ

(右)はじめの一歩となったメッセージをプリントしたTシャツ
(上)その販売開始を広く知らせるために掲出した新聞広告

とができるということと、その手ごたえを感じることができました。

haco.——時代を追い風に「超店舗」へのチャレンジ

LOVE & PEACEによってNUSYは社内外での認知を高めることになりました。結果とともにプロジェクトは部署として独立し、僕も兼務ではなく主業務としてNUSYに取り組むことになりました。日々、新しい実験をしたり、その後起きてしまったイラク戦争に対する第2弾のTシャツ開発プロジェクトに向き合ったりしていました。

2003年秋、マーケティング本部の星正本部長から会議室に呼ばれました。「若者プロジェクトであったNUSYが成長した今、君ならフェリシモ全体の若年層獲得について、どういうことを考えるのか？」と聞かれました。

「僕ならNUSYのようなブランドをもっとたくさん作って、洋服、雑貨、食品などのアイテムカテゴリではなく、スタイルに合わせて自由にそれらを編集する、街のようなカタログを作ります。もし、それをやらせてもらえるなら、僕には人脈が足りませんから、ファッションチームのリーダーの佃奈緒子さんとカタログチームのリーダーの山川真記代さんをつけてください」

「よし、思うようにやってみろ」

こうして２００４年に生まれたのがフリースタイルなヒトのツーハンカタログ「haco.」です。

既存のカタログから複数のブランドを集め、全体を編集しなおすという組み立てで、そこには、ＮＵＳＹを含むさまざまなテイストのブランドを盛り込みました。

コンセプトは会長が掲げていた「超店舗」をもとに、キャッチコピーを「あのショップより、カワイイかも」としました。通販企業ではなく、当時拡大しつつあったセレクトショップを競合相手と想定し、実店舗にできない新しい試みにどんどんチャレンジしていくという意気込みでした。

さらに、時代も追い風になりました。

書店ではファッション誌の人気が最盛期を迎え、さまざまな雑誌が数十万部を売り上げていた時期でした。書店に並んだhaco. は飛ぶように売れ、コンビニエンスストアのマガジンラックにもカタログが並ぶようになり、たくさんの新規顧客と出会うことができました。

インターネットの広がりも追い風になりました。haco. が創刊される7年ほど前、１９

97年にショッピングモール「楽天市場」がオープン、1999年には「Yahoo! オークション(現・ヤフオク!)」がスタートし、2002年には「Amazon マーケットプレイス」が開設されました。

創刊した頃には、社会的にEコマースサイト利用者が年々増えていき、Eコマース市場全体の規模が拡大していた時代でもあり、インターネットを経由して、どんどん新しいお客さまが入ってきてくれました。

東京進出計画。家賃をどうにか払いたい

haco. は順調に成長を遂げ、2008年には東京・原宿に haco. の服が試着できる店舗型カタログともいうべき、「haco. EXPRESS ROOM」(以下、h.ER) というスペースがオープンすることになりました。超店舗ですから、通常のお店をやるわけではありません。お客さまと接し、実際に会える場を作り、東京という立地を活かした新しい展開を模索していくのが目標でした。ただし、どうしても家賃という固定費がかかってしまいます。お店のように商品を直接販売するわけではなかったので、通常のカタログでの販売活動をし

ているだけでは、その家賃は払えません。

家賃を払うためには原価率をその分下げなくてはいけない。でも、ただ原価率を下げるだけでは価値に対して値段が高いだけのものになってしまい、それでは市場に受け入れられない。どうしたらこの課題を解決できるだろう。日々考えていたある休みの日にホームセンターで買い物をしていた時、ふと目に入ったのが軍手でした。12双で600円で売られていたその軍手を見て、「これ1双50円か……。待てよ、そもそもTシャツだって昔はただの下着だった。それをジェームス・ディーンがかっこよく着こなして、若者があこがれてファッションになったんだから、この50円の軍手だって、1双1000円の価値にすることができるかもしれないぞ。1000円の価値を作ることができれば、家賃を払うための財源にできるかもしれない」と考えました。

そこから僕は、今まで気にもとめていなかった「軍手」というアイテムに興味を集中していきました。

軍手は短すぎて通常の糸にできなかった「落ち綿（おちわた）」と呼ばれる、いわば綿糸のくずのような素材から作られるため、原料原価が安いということ。そして右も左も表裏も関係なく全部同じ形のため、製造原価も安いということ。この2つの理由から、非常にコストが安いのだ、ということがわかりました。

また、軍手の語源を調べていくと、当然といえば当然ですが「軍用手袋」という言葉に行き着きました。さらに起源を調べていくと、江戸時代にまでさかのぼることがわかりました。当時、鉄砲はまさに鉄でできていたため、持ち手のところが汗で錆びてしまうため、錆びないように手袋をして持つようになった、という情報も得ることができました。まさに、鉄砲を持つために生まれ、戦争のための道具、というネーミングをほどこされた軍手が、実は落ち綿を活用したエコ素材であり、生産負荷もかからず、ずっと作り続けられているという、いわゆる「サステナブル」なアイテムであることに気づいたのです。

このギャップをうまく活用して、エコでファッショナブルなアイテムとして軍手をリブランディングできるかもしれない。そして、せっかく手にはめるものを作るのだったら、人と人が握手をして、握手するたびにどこかの誰かも喜ぶような、そんなピースフルなアイテムにすることができるかもしれない。

佃と山川とも議論しながら、対になった軍手の左右に異なったデザインプリントをほどこし、軍手をした人が手と手をつなぐことで、♡（LOVE）や「Peace」の文字が完成するデザインにすればよいのではないか、というアイディアが浮かびました。

このアイディアのベースには、もちろん2001年から続けていたLOVE & PEACEで培った思いやノウハウがありました。人と人が握手をすることで、新しいコミュニケーションが生まれる。そんなツールとしての手袋があり、それで家賃も払ったうえで、誰かのためになる基金も作れたらいいのではないか、と考えたのです。

そして、この時点では、基金の使用用途はLOVE & PEACEにしようと考えていました。Tシャツに継ぐアイテムとして軍手を作り、LOVE & PEACE軍手という展開にしようという漠然としたイメージです。

オーガニックコットン？

こうして新アイテムの検討をしていると、この軍手は、たくさんの人とデザインを進めたほうが、どんどん新しいコミュニケーションの形が生まれていいな、と考えるようになりました。せっかく東京に拠点を作るのであれば、その拠点を通じていろいろな人と出会いたい、という思いもあり、取引していた広告代理店にその旨を相談し、コラボレーションしてくれるアーティストや、コーディネートを支援してくれる人材を一緒に探し回りました。

そして、広告代理店からひとりの人物を紹介されました。音楽プロデューサーの桑原茂一氏です。

桑原氏は、１９７０年代に小林克也と「スネークマンショー」というユニットを組み、ＹＭＯのアルバムに参加したり、細野晴臣を共同プロデューサーに迎えたファーストアルバム『SNAKEMAN SHOW』を大ヒットさせたりと、ミュージシャンやニューウェーブバンドとも深く交流がある、日本を代表するプロデューサーのひとりです。また、桑原氏は日本最初のフリーペーパーとも言われる「dictionary」の創刊者でもあり、誌上で「T-shirts as MEDIA」という活動をしていて、一度はお会いしてみたいと思っていた方でした。

桑原氏の事務所を訪問し、LOVE & PEACE からここまでに至る一連の流れとともに今回の軍手プロジェクトを説明し、「協力していただける可能性はありますか？」と問いかけました。

桑原氏がじっと話を聞いたあとに発した第一声が「ちなみに、原料はオーガニックコットン？」でした。

「Tシャツを20万枚も売ったというけれど、そのTシャツの原料の生産で苦しんでいる人がいるのを、君たちは知っているの？」

と、思いもかけないことを問いかけてきたのです（当時、LOVE & PEACE のTシャツはシリーズ合計で20万枚以上販売していました）。

「世界中がファストファッション化する中で、デザインの良い製品が安価でどんどん売れるようになっていく。すると、原料となる綿花がより多く使われ、それによって綿花栽培農家の間に、大勢の自殺者が出てくるんだよ」

と、桑原氏は続けました。

「自殺？」

綿花がたくさん使われることで、どうして自殺者が増えるのか、よく飲み込めませんでした。

「少し情報を集めてみるといい。とにかく、素材をオーガニックコットンにしてみてはどうかな？　僕は自分の手掛けるコットン製品は全部オーガニックコットンにすることにしたんだ。もしオーガニックコットンでこのプロジェクトが実施できるなら、第1弾のクリエイターとして喜んで自分が参加するよ」

桑原氏は、さらに、アメリカには手遊び歌があるので、クリエイターと組んで軍手の手遊びのデザインをしてもらい、その手遊びを動画にするといいのではないか。これからは動画の時代でもあるし、世界に情報を広げていけると思うよ、とアドバイスしてくれました。

悪循環を善循環に

　正直に言うと、僕はその時までオーガニックコットンというのは、とても肌の弱い人向けの特別な素材、というイメージだけを持っていて、他に何の知識も持っていませんでした。

　桑原氏のひと言に衝撃を受けて、綿花栽培の現実について調べてみることにしました。中でも衝撃を受けたのが、インドにおける綿農家の惨状でした。調べ方や立脚点によって諸説ありますが、30分に1人、年間3万人、10年で8万人といった単位で綿農家が自殺しているという現実がそこにはありました。

　原因に関してもさまざまな説がありました。遺伝子組み換えの種やそれを育てるための化学肥料を、借金をして買わされ、年々収穫が減っていったという説、または収穫向上のために農薬と化学肥料を勧められ、使ってはみたものの文字の読めない農家が使い方を間違えたとか。そもそも土地に合わない種や化学肥料だったとか、いくつかの理由で収穫が期待したよりも伸びないことから、結果として借金が返せずに自殺に追い込まれるケースが多いようでした。

また、農薬や化学肥料によって土壌や地下水が汚染され、その農家のみならず村全体に悪影響が出たり、農薬散布時に薬剤を吸い込んでしまい、それによる健康被害で体調を崩したことから、農作業ができなくなって借金が返せなくなるケースもあるようです。

そして、一家の大黒柱が巨額の借金を残して自殺すれば、残された妻がそれを引き継ぐことになり、日々の生活に加え借金返済のためにも働かなくてはならなくなります。

僕たちが日々楽しんでいるファッションの原料となっている綿花の栽培の背景には、生産地のこれほどまでに過酷な現実があったのです。

そもそも僕は、入社以来、ファッションが社会を「しあわせ」にするためのツールになるには、どうしたらいいかを考え続けていました。

LOVE & PEACEを通じて、生活者が購入とともに自らの思いを発信し、購入金額の一部を社会課題の解決のために直接的に使用する。このモデルで、ひとつの方程式が見えたと思っていたら、実はそのTシャツに使用する原料を生産するための生産者が、別の要因で自殺しているという現実を突きつけられたのです。

問題を解決しようとしている一方で、新たな社会問題に加担していた。

これは、そのまま放置するわけにはいかない。いつしか僕の頭の中は、家賃と原価率のことなどすっかり忘れて、どうしたらこの問題をポジティブに解決できるか、で一杯になっていました。

問題の根本をさかのぼると、どうやら綿花を栽培する際に使用する農薬や化学肥料、遺伝子組み換えの種の購入、そしてその種の使用にさまざまな課題があるようです。それらの購入のために支払うお金を借り、返せないから自殺が起きる。そのお金を使わなくて済むなら、問題は発生しない。そして、それらを使用せずに綿花を栽培する方法こそが有機農法でした。有機栽培された綿花のことを「オーガニックコットン」と呼ぶのだ、ということにもようやくたどり着きました。

綿花の全生産量に占めるオーガニックコットンの比率はとても少ないので、まずオーガニックコットンを使った製品を増やして流通量を増やす。そして、その製品販売を通じて得た資金によって、綿花栽培の有機農法への転換を支援する。これを続けることで、理論上はどんどん状況が改善していくのではないか。そして、今回の取り組みはまさにこの循環するモデルを作ることが目的であり、この構造をお客さまと一緒に作っていけばいいのではないか。むむ、いいところまできた気がするぞ、と思い、1件のアポイントの電話を入れました。

富の移転と考えるな、大地への恩返しを

アポイントを入れたのは、矢﨑勝彦会長でした。フェリシモは１９９０年から、お客さまに「毎月１００円で植林をしませんか」と呼びかけ、集まった基金を使って世界中で植林をする活動を続けていました。支援というものは、ひとりあたりの金額が少なくても、長期間たくさんの方々に関わっていただくことで、より大きな力となります。インドでは、長い時間をかけた植林の結果、荒れはてた岩山が少しずつ森に戻り、ある山には象が帰ってくるほどに緑豊かになった、というニュースを社内で聞いていました。

あらためて会長を訪ね、綿花栽培のこういった事実を知ってしまったので、なんとかするためのプロジェクトをはじめたい。これは特にインドでの話になりそうなので、どうしたらいいでしょうか、と相談しました。

すると会長からは、方法論ではなく、まずはじめに「途上国の人に、先進国の人がお金を渡す、富の移転のプロジェクトとは絶対考えるな」と言われました。

そして「このプロジェクトは、インドで綿花を栽培してくれている人と、日本で洋服を着ている人、そして関わる全員がみんな一緒に手をつなぎ、その綿花を生み出してくれる

大地に対する恩返しをするプロジェクトだと考えなさい。それぞれの主体性こそがカギだ」と続けたのです。

会長は僕の目の前で、人と人が手をつなぎ、その下に大地があり、そこから綿花が生えているというイメージ図を書いてくれました。

人生の先輩たちからの示唆がつながることで、未来への明確な形が見えはじめました。

オーガニックコットンで軍手を作り、LOVE & PEACEの時のように基金を付けて販売し、その基金を使ってインドの綿農家が有機栽培をするための活動を支援する構造を作れば良いのだと。

そうなると、軍手のネーミングにもこだわりたくなります。

コットン（綿）の読み「men」と、人（men）の手（te）を組み合わせ、「men♡te（メンテ）」と名付けました。大地を「メンテナンスする」の「メンテ」にもかけ、「みんなの握手で未来に元気な大地を残そう」とのメッセージを込めたプロジェクトの構想が出来上がりました。

このプロジェクトを「haco. PEACE BY PEACE COTTON PROJECT」（以下、ＰＢＰコットンプロジェクト）と名付けることにしました。「洋服を楽しむこと、綿を身につけることで、みんなで手をつないで未来をハッピーにできたらステキだね！」というメッ

会長のアドバイスから生まれたPBP コットンプロジェクトのロゴマーク。「手をつなぐ」ことと、「大地への恩返し」というコンセプトをよく表している

（上）第１弾のmen ♡te のデザイン。発売当時、桑原氏が制作してくれた「手遊び」の動画。https://youtu.be/1bZYGoY2Xso
（下）カタログに掲載されたプロジェクトのイメージイラスト

セージとともに。

こうしてPBPコットンプロジェクトははじまりました。

すぐに桑原氏のところを再訪し、「men♡te」ができた際には第1弾のクリエイターとしてプロジェクトにご参加いただくとともに、「dictionary」とのコラボレーションも実現することとなりました。

餅は餅屋、綿は……

PBPコットンプロジェクトの第1号商品としてmen♡teを生産することを決め、まずはインド産のオーガニックコットンで軍手を作ってくれる会社探しからはじめました。

とはいえ、少し前までオーガニックコットンのことなど気にもしていなかった人間が、少し動いただけで簡単にパートナーが見つかるほど世間は狭くありません。思った以上に難航しました。そもそも原料をインド産オーガニックコットンにしたい、という時点で、ほとんどのメーカーさんからは「それは生地屋さんに言ってもらわないと」と言われ、生地屋さんに行けば「それは糸屋さんに言ってもらわないと」と言われます。さらに軍手を作りたい、というと「軍手なんて中国奥地で大量生産しているものです。無理です」という回答ばかりでした。

何よりも、話しているプロジェクトの構想が大きすぎて、相手の頭の中に、軍手？　インド？　オーガニック？　とたくさんの〝？〟が浮かんでいる様子がまるで目に見えるようでした。そして、あらためてアパレル産業がいかにこと細かに、しかもグローバルに分業しているのか、ということを知ることになりました。

そんな時、haco.のチームでは、ちょうどメンズの企画にチャレンジしはじめた頃で、社内にはたくさんのメンズの商品サンプルが並んでいました。アパレルの仕事をしている方ならわかっていただけると思いますが、ほとんどの場合、提案サンプルの時点では微妙な仕上がりだったり、企画の途中だったりすることが多いのです。それまでは並んでいるサンプルを見ても特に「おっ！」と思うようなことはなかったのですが、あるラックにかかっているサンプルの仕上がりや風合いを見て、僕は何かを感じ、直感的に「こんなサンプルを作ってくれるメーカーさんならこのプロジェクトを面白がってくれるんじゃないか」と思ったのです。そこで商品企画のリーダーである佃に、このサンプルはどこの会社で作ったのかを聞くと「豊島さんだよ」と答えたのです。

豊島さん＝豊島株式会社とは、名古屋に本社を置く繊維専門商社です。恥ずかしながら、僕はその時までフェリシモでTシャツをはじめ、たくさんの商品を作っていながら、その製品をどこの会社から調達して……、といった生産背景の知識があまりなく、豊島という会社についても、まったく知りませんでした。調べてみると、豊島はフェリシモとは当時取引をはじめたばかりでしたが、超老舗の大きな繊維商社で、特に綿花の取り扱いについては国内で1位、圧倒的に強い会社だということがわかりました。haco.では、最初のきっかけとしてメンズの商品から取引がスタートしており、ちょうど主力のレディース商品の企画もこれからはじめようとするタイミングだというので、勘を頼りに豊島にコンタクトを取ってみることにしました。

2008年5月、僕は豊島の名古屋本社営業部のレディースカジュアルを扱っていた常川健志部長を、佃と2人で訪ねました。

豊島には、原料の綿花を調達する原料部門、原糸や生地を扱う素材部門、最終製品を扱う製品部門があり、常川氏は当時製品部門の部長をしていましたが、原料や素材部門の経験もあると言います。

僕は、常川氏にオーガニックコットンを使って商品を作り、基金付きで販売し、インドの農家に還元していく、というPBPコットンプロジェクトの構想を話しました。最初の象徴的な商品としてオーガニックコットンの軍手を作りたいが、現状まったく実現できそうにないこと。最初は落ち綿でもいいから軍手を作り、その後オーガニックコットンに転じていく、というプランでもいいから何とかならないだろうか、と。

これまでのメーカーと違って、説明を聞きながらも頭の中が〝？〟だらけになっているのではなく、どうしたら実現できるだろうか、と答えを導き出そうとしているのが彼の表情から伝わってきました。

構想を聞いてくれた常川氏は、しばらく考えたあと、おなかをポンッと叩き、

「これは、軍手の糸を作ってみんとはじまらんわ！　ちょっと考えてみるで！」

と言ってくれました。

ただし、men♡teのためにオーガニックの糸を供給することができたとしても、綿花を作っている生産地までたどる、となるとそれは難しいかもしれない、とも言われました。

豊島ではちょうど**オーガビッツ**(※2)の取り組みによってインド産オーガニックコットンの調達はしているものの、それは綿花商から買っているものであり、さらにその先の綿花の生産地や生産の実態についての情報を持ち合わせているわけではないから、という話でした。

そこで常川氏は、原料部門時代の上司で、アジア人ではじめて国際綿花協会（ＩＣＡ＝International Cotton Association）理事にもなったという島崎隆司常務なら何かわかる

かもしれない、と言い、その日そのまま島崎氏に会いに行くことになりました。

隣のビルにいた島崎氏は、部屋に入ると激しい口調の英語で商談をしており、60歳を超えたような方が、バリバリ働いている様子に衝撃を受けたことを今でも覚えています。

「オーガニックか……。難しいよ」

島崎氏は綿花ひとすじ40年の超ベテラン。まさに、綿花の酸いも甘いも噛み分けている、という専門家でした。オーガニックコットンは、まず生産量が少ないために紡績や輸出に関してもさまざまなロットの制約があること。かつ、**トレーサビリティ**(※3)の観点から見た時、本当にその糸や生地がオーガニックコットンからできているかどうかを追跡することの難しさを教えてくれました。

さらに、島崎氏は、実際のところ、綿花の商売はそんな「きれいごと」だけではないということも説明してくれました。例えば、オーガニックコットンの糸は値段が高い。けれども、それが中国の紡績工場でオーガニックではない綿から紡績されたとしても、糸になったあとではこちらでは確認できないから高く買うしかない。安い綿を仕入れてオーガニックとして高く売るというような、そういった不正も横行しているのだ、と。今では、そんなことはありませんが、２００８年当時はまだまだ中国での生産というのは日進月歩の時期であり、各社とも品質の保証やトレーサビリティの確保に苦労していた頃です。

「今は綿を日本で糸にしたほうが安全だよ」とアドバイスをくれました。

この時はじめて、オーガニックとノンオーガニックには、根本的な物性品質の違いはないということも知りました。製法が土にやさしいだけで、肌触りがいいとか肌にやさしいとか、そういうことはないのだと。肌触りは綿花の種類によるものだし、肌にやさしいかどうかは染色など後加工の問題。だからオーガニックは難しい、とも。

最後に島崎氏から、「綿を糸にして製品にするところまでは、うちでなんとかなるだろう。それよりも現地で農家を支援する、というところのほうがもっと難しいと思う。でも、難しいけど、できないことはない。とにかく一度インドに行って、多くの人に会ったほうがいい。海外で何かをはじめるとき、その国にいる日本人は本当に頼りになるんだ。目的は違っても、その国で何かを成し遂げたい、と思ってそこにいるはずだからね。もちろん僕にできることはなんでも協力するよ」と力強いお言葉をいただき、僕たちは帰途につきました。

そうこうしているうちに、h.ERのオープンまでにmen♡teの原料としてオーガニックコットンを調達するのはさすがに難しい時期になっていました。

常川氏と製品開発の話を進める中で、最初の原料は紡績工場の落ち綿を利用してもらうことにしました。まずはこの落ち綿を大阪にある主にデニム用の太い糸を作っている会社で糸にしてもらい、それを和歌山県の手袋の製造会社で手袋に編み上げてもらいました。当時の常川氏の部下の方からは、葛西さんが来てから部長が毎日いろんなところに電話して軍手、軍手と騒いでいた、と聞きました。常川氏は後日、「俺は原料も素材も経験したから大体のことがわかったけど、最近の若手ではなかなか難しかったかもね」と言っていました。

そして、2008年の冬向けの商品として、約1000セットの初代men♡teを生産。8月23日、原宿のキャットストリートにh.ERがオープンし、プレスを招いてお披露目しました。お客さまには冬号のカタログでmen♡teとPBPコットンプロジェクトの構想について発表したのです。

この時点で、当初の低原価率の軍手を作って家賃を払おう、というプランはまったくもって頓挫しています。なんといっても、わざわざ特別に落ち綿を日本で紡績し、日本で一つひとつ軍手を編み、さらに丁寧に右手と左手に違うデザインをプリントしたのですから……。

どうコストを計算しても1500円(うち200円が基金)になりそうだったところ、上司である星本部長が「これは1500円では高すぎる。原価率ルールを緩和してやるから1000円(うち200円が基金)にしたほうがいい」と言ってくれました。こういうところもフェリシモらしさだと思います。

ちなみに彼はインドの植林プロジェクトの創設者であり、実施責任者でもあったので、このプロジェクトを最初からずっと応援してくれていました。

※2　**オーガビッツ**

2005年にスタートした、オーガニックコットンを通して、みんなで〝ちょっと（bits）〟ずつ地球環境に貢献しようという豊島のプロジェクト。PBPには2018年から販売枚数1着あたり1円の寄付をしている。

https://orgabits.com/

※3　**トレーサビリティ**

traceability。主に流通業界で使用される言葉で「追跡可能」と訳されることが多い。商品の生産から消費までの過程を追跡することを意味する。製造業界に限らず、食品業界や販売業界など、流通に関わる業界全体で使用される。

オーガニックコットンってなんだろう

稲垣貢哉

いながき・みつや。愛知県出身。商社にて生地の生産等を担当したのち独立。一般社団法人M.S.I.理事。テキスタイルエクスチェンジアジア地区アンバサダー。一般財団法人PBP COTTON理事。

オーガニック＝有機栽培は、そもそも地球環境とそこで働く人たちを有害な化学農薬や化学肥料から守るという農業なのです。使用する人の肌や健康に良いという「自分志向」のものではありません。

まず、オーガニックコットンの定義を紹介しましょう。

原綿におけるオーガニックは、各国の有機農業基準をクリアした農業生産物であることが義務付けられています。有機農業基準には、遺伝子組み換え種の使用禁止、化学農薬・化学肥料の使用制限と3年以上の継続的な有機農業審査合格（未開墾地の場合は2年の国も有り）などが義務付けられています。

日本の場合、有機農産物をうたうには**有機ＪＡＳ**（※1）の審査合格が必要で、現時点（2020年11月1日時点）で日本製オーガニックコットンは存在していません。

繊維製品としてのオーガニックコットンは、国や地域によって国際認証である**ＧＯＴＳ**（※2）、**ＯＣＳ**（※3）といった第三者認証を製品で取得した商品のみが〝オーガニックコットン〟として販売できる国もあります。

現在、日本は繊維製品でのオーガニックは法制化していません。


過剰で不適切な化学品の使用で砂漠化してしまった耕作地や水資源を汚染・枯渇させるような農業や、化学の知識が乏しい農業従事者だけでなく近隣住民、特に畑に遊びに入ってしまう子どもにとって安全な場所を確保するという意味で、有機農業は有効な手段です。

食用ではない綿花の栽培では、多くの有毒な農薬・除草剤・化学肥料が使用されてきました。それによって綿花栽培の現地では多くの農民が農薬被害と貧困に苛（さいな）まれてきました。

環境・人権の研究者や活発なアウトドアアパレルのおかげで、オーガニックコットンの認知度が高くなり、採用する企業は増えて現地の状況は少しずつ良くなっています。

残念ながら、日本では2000年代中頃まで正しい理解がされずにきました。2003年に私が環境対応の上で染色したオーガニックコットン製品を製造・販売した時には、従来のオーガニックコットンユーザーから批判を浴びました。しかし、現在ではSDGsについて学んだ学生たちやフェアトレードを実践している人々によって正しい理解が増えています。

そして、彼らはオーガニックコットンを使用したかわいい、かっこいい洋服を探しはじめたのです。ストイックで無染色な服で、自分の肌の心配（しかも不確かな）をする大人たちをしり目に、未来思考のファッショナブルな若者が増えていることは喜ばしいことです。

しかしながら、オーガニックコットンには非遺伝子組み換えの種の確保、農民への教育、地元政府への啓発活動など、地道な努力が必要です。

小さな農具を持って、巨大な農業資本に立ち向かう勇敢な農民を応援してください。オーガニックコットンに興味を持ち、選択してくれる皆さまが一番の応援団です。

※1　有機ＪＡＳ

農林水産大臣が定めた品質基準や表示基準。農薬や化学肥料などの化学物質に頼らず、自然界の力で生産されたことを表しており、農産物、加工食品、飼料及び畜産物に認定される。

※2　ＧＯＴＳ

Global Organic Textile Standard。繊維製品を製造加工するための国際基準。オーガニックのコットン、ウール、麻、絹などの原料から環境的・社会的に配慮した方法で製品を作るために設定された基準。

※3　ＯＣＳ

Organic Content Standard。原料から最終製品までの履歴を追跡し、その商品がオーガニック繊維製品であることを示すための認証。原料の収穫から、製品ができるまで混合や汚染がないことを保証する。

第3章 プロジェクトの開始とインドの現実

それぞれが、それぞれの組織で
ちょっとだけ無理をすること

ちょっとだけ権限を超えること
ちょっとだけ役割を超えること

ちょっとの無理がつながると
とても大きな力になっていく

men♡te発売、初動良し

2008年8月、PBPコットンプロジェクト構想が発表され、men♡teの販売が開始されました。メディアからも好評で、最も肝心なお客さまからのご注文も当初の予想を大きく上回るものでした。ホームセンターで見かけたコモディティとしての軍手が、社会をハッピーにするためのファッションとして認められはじめたのです。

初回ロットは落ち綿での生産でしたが、第2弾以降はインド産オーガニックコットンを使用したmen♡teを生産することもできました。

桑原茂一氏率いる「dictionary」とのコラボレーションmen♡teも登場し、メディアやクリエイターとのコラボレーションも続々と展開していきました。

さらに豊島の常川健志氏は、徐々に糸の種類を増やしながら製品のバリエーションも増やしていこうと動いてくれました。部下でhaco.の営業窓口を務めてくれていた浅井義広氏に指示して、Tシャツやスウェットなどにするための糸の紡績工場や、糸を製品にするための編立工場、縫製工場と商談を成立させていってくれました。

当初描いた循環の図（16ページ参照）のうち、インド産のオーガニックコットンを使用

みんなで作る大きな星は
きっと宇宙でいちばん輝く希望の星！

ジル <JILLE>

「ワンランク上のリアルカジュアル」をテーマに、トレンドをほどよく意識したカジュアルスタイルを提案する女性ファッション誌。2005年以来、「haco.」とのコラボプロジェクトがスタートし、誌面で活躍するモデルやスタイリストとのコラボを現在も継続中。さらに、毎月別注アイテムを制作する「haco. navi」（現在は終了）に続き、今季からは「haco. × JILLE シャッフルコーディネイト」がスタート。毎月12日発売。
http://www.jille.jp/

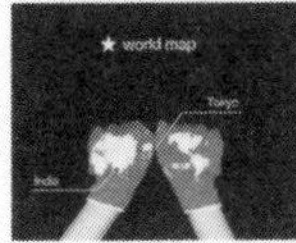

世界地図、完成！ワールドワイドなmen♥te。

誰かとナゾの通信中?!

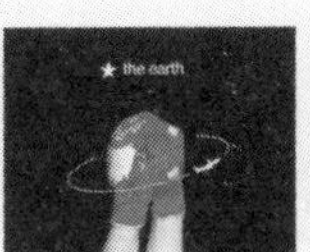

まあるい地球のできあがり。

みんなで並べば、どんな星座もできちゃう!

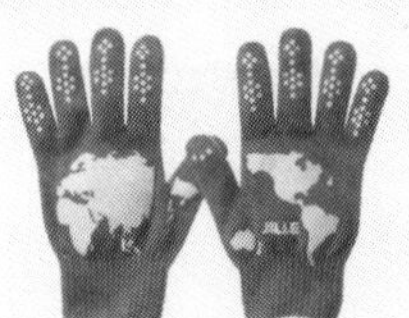

front

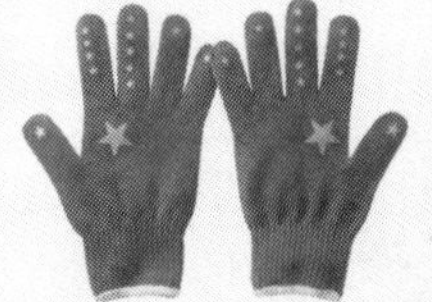

back

おなじみのファッション誌「JILLE」がデザインしたのは、地球、宇宙、星、そして平和のサイン、ピース。世界地図を作ったり、みんなで星座を作ったり、楽しくコミュニケーションできるmen♥teです。元気になれそうな鮮やかなブルー地に、白い地球と、反対側には黄色の星がいくつもプリントされています。指先の部分のプリントはちょうど滑り止めにもなり、普段使いにも持ってこい！なのです。

NEW
〈ジャストワン〉①

PEACE BY PEACE コットンプロジェクト men♥te #005
地球と宇宙と星とピース by JILLE〈ブルー×黄色〉

530　021-01　CS-386-520

お申し込みサイズ 1（メンズ）・2（レディース）1組 ¥1,000

□素材:綿100%（オーガニックコットン）
□サイズ:メンズ:全長約25cm　レディース:全長約21cm
※商品により、プリント位置やプリントののりの濃さが異なる場合があります。
※お申し込みの際は、ご希望サイズ（1・2）を必ずご記入ください。
□この商品は、お申し込みいただいた月だけお届けします。

haco.
021

女性ファッション誌『JILLE』とのコラボレーションから生まれた、第５弾のmen ♡te。☆と地図のデザインで、「手遊び」のバリエーションが豊富（haco. no.19 2009年春号掲載）

して製品を開発し、基金をつけて販売する、という循環円の半分が回りはじめました。これでなんとか綿農家をサポートするための資金の目処が立ちはじめたということになります。

こうなってくると、循環円の残りの半分、集まった基金を活用して具体的にインドの綿農家を支援するスキームの構築が急務となってきました。

10月にhaco.のカタログ誌上で発表したプロジェクトの支援予定内容は以下の3つでした。

1．インド綿農家のオーガニックコットン栽培を支援します。

オーガニックコットンの栽培には、農薬を使わないため、常に害虫対策のための費用が発生します。今回のプロジェクトでは、この部分を重点的に支援することで、オーガニックコットン栽培の生産量・効率を上げていきます。

2．インド綿農地での輪作を支援します。

大地の栄養を大量に吸収する綿花は、同じ土地で栽培を続けていると、その土地は痩せて弱ってしまいます。そのため、綿花栽培後に豆類の栽培をする輪作を行って、大地の回復をサポートします。また、輪作で綿花以外の生産をすることが、農家の新しい収入にもなります。

3．有機農法や輪作のための研究開発を支援します。
上記2点を実現するための具体的な方法論についての研究開発も支援することで、プロジェクトの進行を助けるとともに、培った方法論を公開して他地域でも展開することが可能となり、より広い地域での農家の生活改善を目指します。

まず、第一の目的は綿農家の生活改善のために有機農法の導入をサポートすること、つまり非有機から有機への転換サポートです。さらに、根本が大地への感謝のプロジェクトですから、土壌の活力を維持発展させるための施策を採り入れる。そして、それらを実現するための方法論についてしっかりと研究をする。

理論上は、これでうまくいくはずでした。しかし、あくまで机上で、しかも行ったこともないインドでの、やったこともない綿花栽培について想像で考えた空論です。ただ、この時の僕は、綿花を売ってくれる人がいるのだから、そこから作っている農家にたどり着くのはどうにかなるだろう。そして、その人たちはそもそも自殺するほど困っているのだから、資金があればすんなりうまくいくんじゃないか、と甘い考えでいました。

ここからの2年間で、その考えが激しく甘かったことを思い知ることになります。

パートナーが見つからない……

men♡te の開発、カタログでの発表準備と並行して、常川氏とは、現地で支援のパートナーとなってくれるような団体を探す必要があることを共有していました。島崎隆司氏からも、そこは簡単じゃないぞ、と言われていましたが、基金を集め、そういった団体への寄付を実現できれば循環図の残り半分が完成します。

とはいえ僕にはまったく知見がなく（それどころか、この時点でインドどころか海外渡航経験自体3回しかなく、英語もまったく話せない……）、何度もインド出張を経験し、現地の会社とも直接取引している常川氏に初期の調査を頼りきることになります。彼はさすが敏腕商社マンで、人づてやウェブから情報を収集して、自らアタックしていきます。そんなローラー作戦を展開しながら、逐一状況を報告してくれました。

調査していく中で、常川氏が最初に注目したのは、自殺者が増加している州のひとつ、マディア・プラデシュ州インドール郊外にある団体でした。これは、スイスの会社が1991年からインドではじめたプロジェクトで、コットンの適正価格での買い取りだけではなく、生産地で暮らす人々の自立につながるような仕組み作りをしていました。

このプロジェクトが行っている活動はＰＢＰコットンプロジェクトの参考になりそうだし、現地パートナーの候補に適しているのではないかということで、照会状を彼らに送ってくれました。しかし、先方からの回答は、すでに他の日本企業と取引関係があるため、ＰＢＰコットンプロジェクトとは、現地でパートナーシップを結ぶことはできないとの返答……。なるほど、そういうこともあり得るということを知りました。

次に彼が候補に挙げたのが、第1章でふれたアンドラ・プラデシュ州の州都ハイデラバード（現・テランガナ州の州都）を拠点とする農民組合と呼ばれる地元組織の「チェトナ・オーガニック」でした。チェトナは、農民の自殺問題をきっかけに２００４年に発足したばかりの現地の団体でしたが、主目的を有機農法を通じた小規模農家の生活向上に置いて活動していました。支援の体制と収穫物のマーケティングの体制の両輪を回すことを標榜しており、こちらも良さそうな印象を持ちました。しかし、常川氏がメールでコンタクトを取ってくれたものの、数ヵ月も返信がないままでした。

この時すぐに返信があれば、もしかしたらＰＢＰコットンプロジェクトは今とは違う展開をしていたかもしれません。その後、出会う人たちとも出会うことが叶わなかったかもしれません。だとしたら、結局プロジェクトは頓挫していたような気がします。そう考えると数奇な運命を感じます。

いずれにせよ、常川氏が繊維商社の力をいかんなく発揮して日々尽力してくれるものの、NGO大国でもあるインドの大きさに対して、見たことも聞いたこともない団体と、どうやって出会ったらいいのか……。次第に僕たちは、誰かや何かを介した情報収集では限界があると感じるようになりました。

8月のプロジェクト発表から2ヵ月、10月になり、綿花の収穫時期になろうとしていました。

マーケティング本部の星正本部長にも状況を逐一報告しながら相談していました。前述した通り、フェリシモでは環境保全活動の一環として、1990年に発足した「フェリシモの森基金」を通じて、「インドの森づくり」の支援をしており、十数年前にインドでこの森づくりをスタートさせたのが星でした。現地で森づくりをサポートしてくれているNGO「タゴール協会」に「本件を相談してみたいのですが……」と言いかけると、

「もちろん彼らに相談すれば何かの解決策は出してくれると思う。本当に困った時はいつでも自分も協力するが、まずは自分の目で見て、耳で聞いて探してみたほうがいい。主役はあくまで農家であり、農家が主体的に変わろうとする力をサポートするのであって、先に団体や方法を探して現地に送り込んでもうまくいかないよ」

と、アドバイスしてくれたのです。

今、振り返ると、僕はきっとその時までは、インドに行く気がなかったのだと思います。自分の仕事は問題を顕在化させ、お客さまにお伝えしてお金を集めるところまでで、お金さえ集まればきっと誰かがなんとかしてくれる。そう思っていたのかもしれません。しかし、インドの神様は、自ら動かないものには何も与えようとはしてくれないようです。

「とにかく一度インドに行って、多くの人に会ったほうがいい」

島崎氏のアドバイスを反芻(はんすう)し、星の言葉とともに、王陽明の「知行合一」が頭の中をかけめぐりました。

「行きますか、インドへ……」

実際にインドに行って、少しでも多くの人に会うことを決めました。

そもそも綿花を見たこともなければ、どうやって輸出されているのか、いくらなのか、栽培にどれくらい時間がかかるのかも知りません。困っている農家の顔も見ていません。これはもう、腹をくくって、自分の目で見て、感じて、つながりの中に身を任せて突破口を開け、ということだ、と。

好きな人にとってはすごく羨ましいことなのかもしれませんが、正直なところ僕はここに至るまで、インドに行きたいと思ったことはありませんでした。バックパック旅行にも興味はないし、辛いものは苦手だし、トイレはウォシュレットがないといやだし、汚いところも苦手でした。

常川氏を経由して、まずは豊島と取引のあるマハラシュトラ州ムンバイの綿花商「シュリ・サンジェイ・トレーディング」にコンタクトを取ってもらいました。

自分でも、まずはニューデリーにあるＪＩＣＡのインド事務所に連絡を取りました。ＪＩＣＡは開発途上国への国際協力を行う独立行政法人で、青年海外協力隊の派遣や、インドではインフラ整備のための円借款の供与なども行っています。

すぐに返信があり、インド視察の最終日の午前にアポイントを取ることができました。そして、ＪＩＣＡの提案でムンバイの日本総領事館にもコンタクトを取ったのです。

いよいよインドへ

２００８年11月、インド行きが決行されました。

インド視察は、常川氏は同行せず、豊島の各部署（原料・素材・製品）から参加してくれた3名に僕を含む4名で行うことに決まりました。原料部署からは四良丸毅氏、素材部署からは岡部良輔氏、製品部署からは浅井氏が同行しました。前述の通り海外慣れしていない僕は、あえて出身地の岐阜を経由して、名古屋発の便で豊島メンバーと一緒に飛行機に乗ることにしました。

11月9日夜、僕たちはムンバイ空港に降り立ちました。独特の、土埃のような、スパイスのような香りと熱気。夜中にもかかわらず、聞いていた通りに押し寄せてくる**リキシャ**(※1)と**アンバサダー**(※2)。大声でこちらに話しかけてきて、自分の贔屓の車に連れていこうとする男たち。彼らをかわし、荷物を離さぬよう注意して運びながら、ホテルが手配してくれた車に乗り込み、いざ空港から一般道に出てみると……。

センターラインはどこに？　というような縦横無尽な運転。バイクも車もリキシャも牛も人間もぐちゃぐちゃになりながらそれぞれが好き勝手な方向に進んでいます。クラクションとなんだかわからない大声が飛び交い、夜中だというのに道端にはなぜか人々が集まり、ガリガリに痩せた犬たちが牛と一緒にゴミの中から何かをあさっています。

そんな喧騒をまさに縫うように車は走り、ようやくホテルの駐車場に着いた時には、長時間のフライト以上に疲れている自分がいました。これは一筋縄ではいかないに違いない。そう思いながら、必要以上に除菌スプレーで消毒をしてベッドに潜り込みました。

翌10日早朝、マディア・プラデシュ州南西部のインドールに向けて出発。視察をアテンドしてくれる、シュリ・サンジェイ・トレーディングの社長サンジェイ氏と甥でセールスマネージャーのブリジェシュ氏と、インドール空港で合流しました。

それまで、ホテルの送迎のドライバーとフロントとしかインド人と接触しておらず、はじめてしっかり会話をした2人のインド人は非常に紳士的で、「ようこそインドへ」と来印を祝福してくれました。四良丸氏とブリジェシュ氏がアメリカのコットンスクールの同級生だったというつながりもあり、2人には今回のPBPコットンプロジェクトのあらましは事前にしっかりと伝わっていました。綿花について僕が素人なこともあり、今回の視察は、綿花栽培する農地、栽培している農家、買い取っている工場などのサプライチェーンを視察します。有機綿花栽培についてまず見て、それぞれの立場の人と話をしてもらう、と言われました。その後に今後どうしていくか協議しよう、と。視察中にパートナーとして最適に思えたとしても、その場で決めるのではなく、まずは冷静に、見て、感じて、インドとインド綿農家を知ってほしい、とも言われました。

2人とも熱心なヒンドゥー教徒でもあり、車で視察地に向かう途中、山の中の小さなヒンドゥーの寺院に、プロジェクトの成功のお祈りに連れていってくれました。入り口で靴下を脱いで、冷たい石造りの床を裸足で歩き、地元の人がお供えした小さな黄色い花で彩られているガネーシャ像に見様見真似でお祈りしました。額を冷たい床につけ、しばらく無心でその姿勢でいると、冷たい床と自身とが一体化したように感じられ、少しだけ、インドの何かとつながったような気がしました。

そのあと、はじめてのインドカレーのランチをとりました。指で食べるのはとても難しく、また、日本で食べるようなカレーではなく、スパイスそのもの、という味がしました。ナンではなく、チャパティという小麦粉で作った薄焼きのパンのようなもので食べるのですが、これにもスパイスが練り込まれていて、はじめからかなり無理して食べたことを覚えています。

山道を走ってしばらくすると、緑の畑の中にポツポツと白い雪が降っているような風景が見えはじめます。はじめて見た綿花畑の印象は、「思っていたより緑で、想像したより狭く、小さい」でした。もちろん、時期によっても、畑の広さによっても、綿花の種類によっても違うのですが、それでも、広大なインドのカラカラの大地に一面の綿花畑が広がる様をイメージしていたので、まるで自分が生まれ育った岐阜の山の中のような印象でした。

それと同時に、やはり湧き上がってきたのは、ホームセンターで手に取った軍手を見ていたあの時から、いよいよインドの綿花畑まで来たんだという感慨でした。

※1　リキシャ

インドでよく使われる移動手段の1つで、オート三輪や自転車のうしろに幌と荷台をつけた小型の乗りもの。現地ではタクシーより多く見かける。英語で rickshaw と表記し、語源は日本語の「力車」。

※2　アンバサダー

ヒンドゥスタン・アンバサダー。インドのヒンドゥスタン・モーターズが1958年から2014年まで生産した自動車。当時、輸入車への関税が高かったため、タクシーを含めほとんどがこの国産の車種だった。

綿花と有機農法

最初の視察先は、シュリ・サンジェイ・トレーディングが有機綿花を購入しているジン（種とり）工場に綿花を供給している有機綿花農場でした。車を降りて土の道を歩いていると、インドの民族衣装クルタやドーティを着た男性や、色とりどりのサリーを着た女性たちが見え、農場に着くなり、僕たちは手厚い歓迎を受けました。

歓迎のポーズとして、足もとにひざまずいてお辞儀をされるのですが、これは何度されても、いまだに表現しがたい違和感を覚えます。インドでは、目上の人や尊敬に値する人にする挨拶なのだそうですが……。農場の集会場では、農家の人々が地べたに座っており、僕たちは上座に置かれた椅子をすすめられました。

農家の人々を前にして、僕たちはブリジェシュ氏に通訳をしてもらい、綿花栽培地帯での農村生活について、さまざまな質問をしました。

毎日、朝起きてからどういうことをして暮らしているのか。綿花栽培とはどういうものなのか。どんなことに困っているのか。対話を通じてインドの農村での生活がどのようなものかを少しずつ知ることができました。

そのあと、実際に農地に行って、有機農法についてのレクチャーを受けました。有機栽培とかオーガニックというと、特別な方法や道具を使うような気がしてしまいますが、要するに農薬を使わず、動物の糞や植物を原料とした肥料を使う農法です。これによって、土壌の負荷を減らしながら、土壌が自ら栄養分を育む手助けをします。

農薬を使わないため、その代わりとなるものを牛のし尿から作ったり、虫が綿花よりも好む別の作物を隣に植えて虫を誘導したり、虫が好む匂いを発する罠をつけて虫を捕まえたりします。肥料の代わりには、牛糞や植物を腐敗させて作る堆肥などを使うので、それらを培養するための設備を視察しました。当然ですが化学肥料や農薬を買うのではなく、すべて自分たちで作る必要があり、雑草の除去など手間もかかります。そして、もちろんそれでも虫がついて収穫に影響を与えることもあります。やはり手間ひまがかかるし、人手がたくさんいるのだな、という印象でした。

初日の視察を終え、ホテルに戻り、それぞれが視察内容をもとにディスカッションをしました。初心者ばかりだったので、それほど深い議論にはなりませんでしたが、感じたことなどを共有し、有機農法全体に関する理解を深めました。また、歓待に関する違和感や、なんとなく外国人が訪問することに慣れているような違和感も共有しました。

その後、夕食をとったのですが、この日3度目のインドカレーです。さすがに1日3回カレーを食べるのはきついなあ、と思ったのですが、インドでは毎日毎食カレーである、ということを知るのは翌日のことでした。

ジン工場を視察する

翌11日はジン工場を視察。工場に近づくにつれ、牛車にたくさんの綿花を積んだ農家が集まってきていました。ちょうど綿花の収穫期で、工場の中に山のように積まれた綿花は、まるで降り積もった雪のようでした。

各農家から集まってきた綿花は、ジン工場に入る時に持ち込んだ単位（牛車やトラックなど）ごとに計量し、農家はその重さによって収入を得ます。集められた綿花は、まとめて種とりの機械にかけられ、種がとられた綿花を集めてブロック状に固めたあと、出荷単位で梱包され、市場へと出ていきます。

綿花は相場ものなので、その時々で値段が変わります。この工場では、相場によって農家に不利益が出ないよう、必ずある一定の価格で買い上げているということで、近隣農家と信頼関係を築いていると聞きました。

また、オーガニックコットンにとってトレーサビリティは非常に重要です。せっかく有機農法で綿花を作っても、ジン工場で他の綿花と混ざってしまってはあとの祭り。見た目では判別がつきません。なので、綿花の受け入れから出荷まで有機綿と非有機綿は明確にルートを分ける必要があります。この工場でもオーガニックとそうでないコットンは厳密に場所が分かれていました。

このジン工場の視察を終え、そのまま空港へ向かいました。国内線でインドールからインド西部にあるグジャラート州アーメダバードへと飛び、翌日も農家とジン工場を視察しました。こちらは前日に比べると規模が大きく、オーガニックコットンを取り扱っていないジン工場でした。

綿生産の流れ

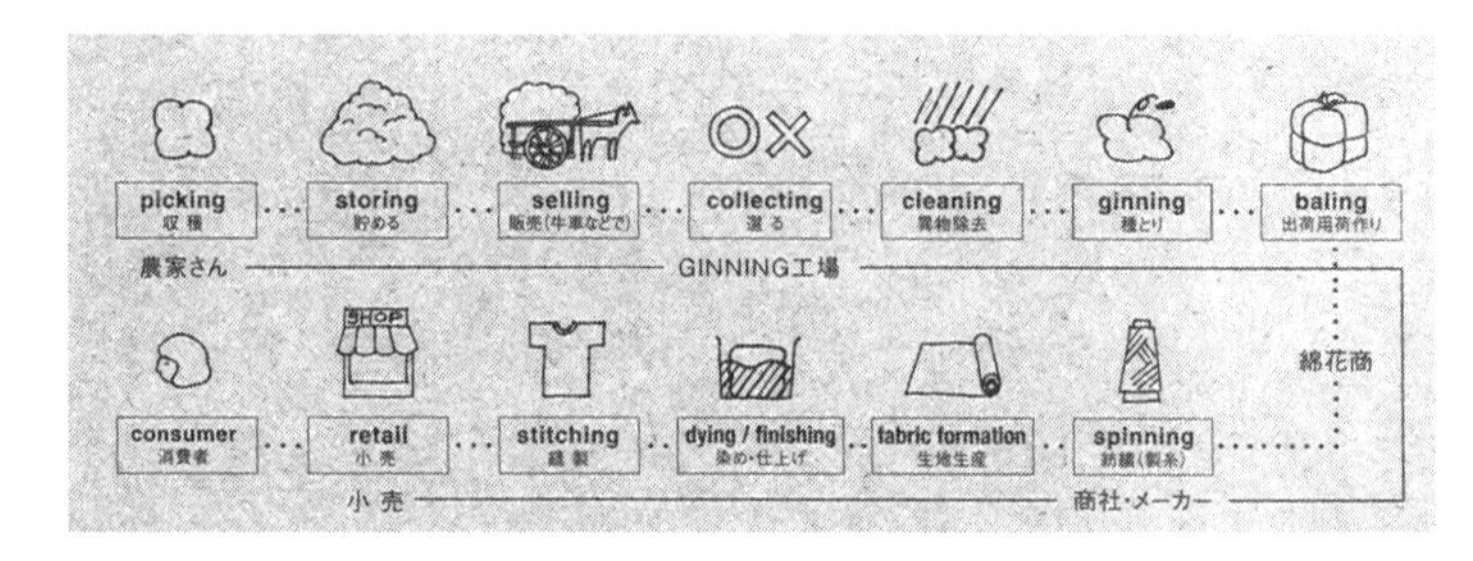

綿花が収穫されてから多くの工程を経て、洋服になってお客さまに届ききます

牛車に載せられた綿花が次々と工場に運び込まれ、いたるところに雪山のように高く積まれています

ジン工場では、非オーガニックのものと混在しないように厳しく区分けされています

農家の自殺問題が大きな課題の地域のようで、視察のあいまにNGOのスタッフが僕たちに農家の借金問題を解決する活動をしているから支援してほしい、とプレゼンしてきました。

資金を提供したら貧困農家の生活改善のために活用する、と言っているのですが、僕にはどうしてもその担当者が胡散臭く感じてなりませんでした。サックスブルーのシャツを大きく開襟した中には金のネックレス、腕には金のブレスレット、金の指輪。「我々に任せてくれたら農家はしあわせになる！」と言っているのですが、どう見てもお金が適切に使われるとは思えませんでした。

ブリジェシュ氏も、インドには本当にたくさんのNGOがあって、信頼できるところを見つけることは難しいんだ、と言っていました。

違和感とサプライチェーン

こうして2日間の視察で有機綿がどうやって栽培され、どうやって加工され、どうやって市場に流通していくのかを学ぶことができました。

しかし、学ぶことができた反面、いろいろな違和感も覚えていました。まず、農地全体がそもそも視察慣れ、――例えば、視察する順路があらかじめ白線で引かれていたり、英語でパネルが作られたり――しているように感じたこと。そして、質問をしても回答するのは農家を取りまとめている団体の代表であったこと。ジン工場では、僕たちが訪問すると隠れてしまう人々がいて、どうやらそれは未成年で、子どものように見えたこと。視察のはしばしで、僕たちが理解できない現地の言葉で雑に扱われている農家がいたこと。

よく考えてみると、今回の視察はサプライチェーンを直接さかのぼって現地までやってきていました。つまり、買う人が売る人に頼んで連れてきてもらったとも言えます。

通常、商流の上流は下流に逆らえないので、買ってくれる人には良いように言うし、良いように見せるものです。そう考えると、最も上流にいる農家は一番立場が弱いことになり、売ってくれる人にお金を渡せば解決する、という考えはもしかしたら間違っているのではないか、と思うようになりました。

つまり、サプライチェーンの外側から、取引関係とは関係なく農家のために活動してくれる人、団体が必要なのではないか、と。そこで思い出されるあのNGOの胡散臭さ……。

ムンバイへと戻る飛行機に乗り、そんなことを考えながら出された機内食を口に入れた瞬間、今まで経験したことのない刺激とともに機内で大声を出してしまいました。ピーマンだと思って口に入れたものは、巨大な青唐辛子でした。辛いというより激痛。何本ミネラルウォーターを飲んでも、その刺激は解消せず、唇が何倍にも腫れあがったような感覚でした。その刺激は、そのままインド到着以来全食カレーで埋め尽くされていた僕のおなかを貫き、わずか3日目にして、いわゆるインドの洗礼を浴びることとなりました。

インドにNGOを作る？

翌日、11月13日はシーク教の開祖グル・ナナクの誕生日で、インドの祝日でした。僕たちは、ムンバイのシュリ・サンジェイ・トレーディングのオフィスで振り返りのミーティングをしました。

ムンバイは映画『スラムドッグ$ミリオネア』（2008年）の舞台にもなった大都市で、巨大なスラム街、とんでもない満員電車、深刻な大気汚染、極度の交通渋滞などで有名です。

オフィスがあるのは、ムンバイの綿花取引所敷地内。向かいには、**ニチメン**（※1）の古いビルがあり、ここがインドにおける綿花トレーディングのメッカであることがわかりました。

ミーティングで、サンジェイ社長から、「PBPコットンプロジェクトは、インド社会の抱える課題を綿花栽培の面から解決しうるプロジェクトであり、業界の一端である綿花商としても社会貢献の観点から支持をする。しかし、既存のNGOやオーガニックコットン栽培支援会社に資金を投じた時、よほど信頼できるパートナーでないと資金の流れが不透明になる危険性があり、さらに農家からの搾取という本末転倒の事態も考えられる」という意見が出ました。

それについては、僕も豊島の面々も、まさに同意見でした。

そこで、サンジェイ社長が提案してくれたのは、農家とジン工場の間に立つ新しいNGOの設立でした。まずはNGOを設立して、次に運営スタッフを探し、最終的に支援先の地域を探す、という手順にしたらどうかというものでした。

シュリ・サンジェイ・トレーディングの顧問会計事務所によれば、NGO設立に必要な資金は1000~2000ドル程度。インド人が設立する場合は、3~4ヵ月で設立登記ができるそうですが、外国人が設立する場合は、政府の認可が下りるまで半年から1年はかかると言います。

支援先を探しに来たのに、まさかのNGO設立の提案を受け、僕は少し混乱していました。いやいや、言っていることはわかるし、この視察を通じてシュリ・サンジェイ・トレーディングの2人が本当に信頼できるパートナーであるという実感は得ていました。でも、インドで自らNGOを設立して、さらにその運営に関与するということに、まったく自信を持てないし、日本で会社員をしながらそんなことができる気がしませんでした。

ミーティング終了後、アポイントを入れていたムンバイの日本総領事館を訪ねました。領事館で今回の訪印の目的、プロジェクトの構想の概略、視察を経て感じたこと、およびサンジェイ社長からNGO設立を提案されたことなどを相談しました。

領事館としては個別の案件を支援するのは難しいということ、そもそもインドはNGO大国であり、信頼できるようなパートナーを探すのはとても難しいということ、さらに外国人がNGO設立をするためには、法律や認可のハードルが高く、すぐに現地でNGOを設立するのは厳しいという現実を教えてもらいました。そして、たとえNGOが設立できたとしても、現地のNGOの運営費や人件費に基金が使われることになるだろう、と言われたのです。僕としては、日本の企業がインドにおける社会問題を解決しようとして来ているわけですから、情報提供など、日本総領事館からなんらかのサポートを得られるのではないかと期待していましたが、やはり民間企業との連携は難しいようでした。

この時点で、men♡teを販売することで集まった基金はすでに170万円に達していました。そのお金がNGO設立のためだけに使われることになって、直接現地の農家支援に結びつかないというのでは、購入してくれた方々に申し訳が立ちません。

すぐに提携できそうなNGOが見つからないうえに、現地でNGOを設立するのも難しい……。せっかくインドに来て、自分の目で見て、感じて、人に会ったにもかかわらず、結果として道が閉ざされたような状況に、「このままではプロジェクトを成立させられないかもしれない……」、そんな不安が僕の頭の中をよぎりました。

残る頼みの綱は、翌日に訪問を控えているニューデリーのJICAインド事務所だけとなりました。

※1　ニチメン
1892年、綿花直輸入を目的として、大阪の有力財界人らにより日本綿花を設立。取扱商品を増やしながら、1943年に日綿實業に改称。戦後、他の専門商社を合併し、総合商社化する。2003年、日商岩井と経営統合し持株会社ニチメン・日商岩井ホールディングスを設立。翌年合併し、現在は双日株式会社。

立場の違いを超える意思

豊島の素材・原料部門のメンバーとはムンバイで解散しました。翌14日、僕と浅井氏の2人でデリーに移動し、ＪＩＣＡインド事務所を訪問しました。対応してくれた山田浩司次長は、現地に駐在し、インドで活動する日本のＮＧＯに対する支援や、現地のＮＧＯとＪＩＣＡの連携促進を目的に開設されたジャパンデスクというセクションを担当していました。

これはあとから聞いた話ですが、山田氏は事務所に入ってきた僕を見て、心の中で苦笑したそうです。なぜなら、肩まで伸ばした長髪で、さらに政府機関を訪ねるというのに、スーツではなくＴシャツにジーンズ、足もとはトレッキングシューズというカジュアルな服装。伸び放題の口ひげとあごひげに加え、前日までの毎食のカレーと青唐辛子でおなかを壊しており、ろくに食事もとれずに憔悴しきっていました。彼の目には、かなり怪しい風貌に映ったそうです。

ＰＢＰコットンプロジェクトについての説明と、今回の視察の概要、およびＮＧＯ設立について提案を受けた話をするると、しばし考えたあと、山田氏もＮＧＯの新規設立については、「設立までの時間が読めない」ということから賛成できないと言います。それよりも、やはり信頼できる既存の団体を探してはどうかとの提案を受けました。しかし、ついで出た言葉に愕然としました。

「ＪＩＣＡとしては、基本的に民間企業に個別の便益を供与することはできません」

それを聞いて、「ああ、終わった。これで今回のインド出張は何の成果もなく帰らなきゃいけない……」と思いました。憔悴した怪しい風貌（だったらしい）の僕は、頭が真っ白になりかけました。しかし、その後に彼の口から発せられた言葉が僕を正気に戻してくれました。

「ただ、この案件は、インドの社会が抱える大きな課題に対して、日本の一企業というよりはアパレルという業界がチームを組んで挑戦しようとしているようです。まさに国と企業が手を取って課題を解決しようとする先進的な取り組みになるかもしれません。少し考えてみましょう」

ちょうど彼も、２００７年のインド赴任以来、綿花栽培農家の自殺問題に対して、ＪＩＣＡとして何かできないかと考えていたと言います。島崎氏の言っていたのはこういうことだったのか、と心を揺さぶられました。

今でこそ、ＪＩＣＡは民間連携事業という制度を整備し、専門部署を東京に設けていますが、当時は制度の整備があまり進んでおらず、個別企業への便益を図ると癒着が疑われてしまうといった状況でした。

しかし、彼は僕の話を聞いて、PBPコットンプロジェクトがやろうとしていることは、インド国内の農業や、日本のアパレル業界全体の利益にもつながると判断してくれたようです。あくまでもその活動の一環として、JICAによる公開情報の収集という形にはなるが、インドにおける綿花栽培の実情の調査とともに、パートナーとして候補となりそうな、すでに活動しているNGO団体の調査をしてくれるとまで言ってくれたのです。

ただ、やはり近いところでコミュニケーションを取れたほうが現実的にはやりやすいだろうし、調査は時期も内容も約束はできないから、まずは日本に本拠地を置いてインドについて活動しているNGOを紹介しよう、と言ってくれました。「連絡はしておくから、日本に帰ったら会ってみるといい」と。

課題の連鎖のはじまり

打ち合せの後半、山田氏から、「ところで今回のプロジェクトでは、子どもは支援対象になっていないようですが、綿農家の子どもたちの児童労働の問題は知っていますか？」と聞かれました。

「え、児童労働ですか？　知りません……」と僕は答えました。頭の中には、ジン工場で僕たちが訪問した瞬間に隠れた子どもたちの影がよぎりました。

「貧困農家の子どもたちは、ほとんどの場合、学校に行けずに働かされています。教育を受けることもできず、大きくなってしまうそういった子どもたちが、また次の貧困を生んでいくという負のサイクルが生まれています。また、貧困農家の多い地域ではカーストの影響も根強く残っていて、教育を受ける機会がそもそも少ないという側面もあります。あわせて検討するといいかもしれません」

ここにも大人の事情で未来を奪われる子どもたちがいたのです。「このプロジェクトでは、児童労働を禁止し、子どもたちの教育支援にも基金の対象を広げたいと思います」と答えました。また、できもしないかもしれないことの風呂敷を広げてしまいました。まだ支援すべき農家とつながる方法も見つかっていないというのに……。

こういう事例はその後も次々と現れることとなります。問題というのは、複雑に絡み合っていて、ひとつの方法で解決できるものではないこと。ひとつ壁を超えるたびに、今まで見えていなかった課題が出てくること。だから、その時そのときで最善と思われる手を打ち続けていくしかないこと。この時の僕は、まだそのことを知らず、農家の有機農法への転換支援に加えて、農家の子どもたちの教育支援もできたら完璧だ、と思っていました。

山田氏の登場によって、僕たちの選択肢は、自分たちによる現地でのＮＧＯ新規設立、山田氏に紹介された日本のパートナー候補、ＪＩＣＡを通じたパートナー探しの３つになりました。

世間話をしているうちに、彼は僕と同じ岐阜県出身だということがわかりました。それだけではなく彼がＪＩＣＡ入構前に勤めていた地方銀行で、最初の勤務地だった名古屋支店が、豊島の本社ビルのすぐ近くにあったとか。しかも山田氏は得意先回りで豊島を訪ねたこともあったと言います。そんな不思議な「ご縁」が彼と僕たちをつないでくれたのかもしれません。

ＪＩＣＡの事務所を出たのはちょうどランチタイムでした。山田氏に教えてもらった近くの日本食レストランで久しぶりに食べた蕎麦は胃にやさしく、朝まで真っ暗だったプロジェクトの行く末に一筋の光が見えてきたこともあり、救われた思いがしたことを今でも鮮明に覚えています。

綿花が製品になるまで

常川健志

つねかわ・たけし。愛知県生まれ。豊島株式会社の専務執行役員を経て、株式会社エフリード代表取締役社長。一般財団法人 PEACE BY PEACE COTTON 理事。

ほとんどの服は繊維原料から糸が作られ、それが生地になり、最終的にお客さまに手に取っていただく製品になります。

繊維原料は大きく天然繊維と化学繊維に分けられます。洋服のタグなどでよく目にするのは、天然繊維なら主に綿、毛、麻、絹。化学繊維はポリエステル、アクリル、ナイロンなどがそれにあたります。本書では綿が主役ですが、現在世界で流通している繊維原料はおおよそ75%が化学繊維、25%が天然繊維であり、その天然繊維の90%以上を綿が占めています。

2000年代のはじめの頃は、繊維原料全体のおおよそ半分を綿が占めていました。

減ったとは言え、綿はまさに繊維の王様と言えるでしょう。

ＰＢＰコットンプロジェクトは２００８年に「men♡te」からスタートし、そのあと最初に作った製品がＴシャツでした。ここでは、Ｔシャツを例に、綿花から製品になるまでを説明します。生地は、織物、丸編み、経編み、セーター（緯編み）がありますが、ここでは丸編みに限定して説明を進めていきます。

綿の種をまくと、花が咲き、枯れて実がなると種の周囲に繊維をつけます。これが綿花です。インドでは6月上旬に種をまいて、8月に花が咲き、11月中旬頃に収穫します。収穫期を迎えると、実が割れて綿花が取れるようになるのですが、今でもこれを農家の人たちが手で摘み取ります。白くふわふわとしていて、一見するとさわり心地が良さそうに見えますが、まわりにとげがあるので、収穫はとても大変な作業です。

アメリカでは、今では機械を使って収穫していますが、昔は南部の農園での収穫作業は黒人奴隷の仕事でした。収穫の厳しさは、映画『プレイス・イン・ザ・ハート』（１９８４年）でアカデミー主演女優賞を取ったサリー・フィールドが手を血だらけにしながら、綿花を収穫するシーンで見ることができます。参考に見てみてください。

取った実の中には種が入っていて、外が綿で覆われています。収穫した綿花はジン工場に集められ、ローラーで綿と種に分けられます。綿花の重量の約3分の1は綿で

３分の２が種です。種は綿実油（めんじつゆ）の原料になります。

ジン工場で繊維だけになった綿は、紡績工場に買い取られたあと、紡績して綿花から糸になります。

綿を太い**スライバー**（※1）のような状態にし、だんだん撚り（よ）を掛けて細くしていきます。糸は太いものから細いものまでありますが、綿糸の場合10番、30番、50番といった数字で表され、数字が大きくなるほど細くなります。主に10番はデニムに、30番は肌着やＴシャツ、タオルなどさまざまな用途に、50番は高級シャツに使われます。

ＰＢＰのＴシャツでは、インドの綿花を豊島が輸入し、天然素材にこだわる国内の紡績会社、ＫＢツヅキで40番にした糸を使いました。

出来上がった40番の糸を撚糸工場で２本に撚り、40番双糸にします。Ｔシャツでは20番の糸が適当ですが、単糸だと生地が斜行するため40番の糸を２本撚って20番の太さにしました。

編立は愛知県にある日本一の丸編みメーカー、宮田毛織にお願いしました。できた生地は染工所で染色し、縫製工場で裁断、パーツの状態で岐阜県の森プリントでプリントしました。

今は縫製した状態でインクジェットを使ってプリントすることもできますが、当時は平置きの台にパーツを置き、柄の色数に応じてプリントしていました。便利になったものです。プリントしたパーツを再び縫製工場に戻し、残りのパーツと縫製したあと、アイロンで仕上げされＴシャツの出来上がり。海外では一貫生産が主流ですが、日本ではいろいろな外注工場に協力してもらって製品が出来上がります。

このように、当初ＰＢＰの製品は日本で生産していましたが、商品展開を増やすためにコスト的に有利な中国生産も増えていきました。

最初にmen♡teを作ってくれた和歌山県の日出手袋、Ｔシャツを作ってくれた宮田毛織がなかったらＰＢＰコットンプロジェクトもスタートできなかったでしょう。

関わっていただいたすべての工場のみなさんに心から感謝しています。ＰＢＰも財団となり、メンバーも増えました。今後は国内生産も増やしていけるようになると思います。その時がきたら、恩返ししたいと思います。

※１　スライバー

sliver。綿から糸をつくる紡績工程の中間過程で、繊維を平行にそろえて、ひも状に引き伸ばし、太い綿の棒のようにすること。引き伸ばして細くしながら撚りをかけて糸にしたり、そのまま綿棒や綿球の原料として使用することもある。

これだけの工程を経て、オーガニックコットンのＴシャツが完成！

第4章 灼熱の地で、スタート地点に立つ

誰かを支援するということは
支援されない誰かを作るということ
支援された人とされなかった人の差を作るということ

1つめの選択肢の頓挫

インド出張から帰国後、すぐにマーケティング本部の星正本部長に出張報告を行い、選択肢が3つになり、それぞれを検討していこうと思うということと、支援の枠組みに子どもたちへの教育支援を入れたい、ということを伝えました。彼からは、教育支援の拡大は賛成だが、まずは体制構築が優先であり、現地でのNGOの設立というのは現実的ではないから、なんとか残る2つの選択肢で善処したほうがいい、というアドバイスをもらいました。豊島の社内でも、現地でのNGO設立は否定的でした。

僕はさっそくJICAの山田浩司氏に紹介された日本のNGOを訪ねました。そこで、それぞれ違った課題にぶちあたることになります。

1つ目のNGOは、ある特定の課題を解決するために設立されたNGOでした。問い合わせてみると、インドに拠点はあって活動もしているが、協力するにはまず先方が取り組んでいる課題への資金協力ありきとなる、ということでした。そのうえで有機綿花栽培支援をやることになるので、それは新たに一からはじめるため必然的に時間がかかるし、ノウハウの構築からやることになり、コストもかかる。かつ、資金もどうしても先方の課題に優先的に投入されることになる、とのこと。いくら日印に拠点があっても、それではお客さまから預かった基金を別の用途に使うことになるので組むことはできないと判断しました。

もう1つのNGOは、特定の課題のために設立されたわけではなく、全般的なアジアの社会課題解決に広く携わっており、インド各地にネットワークもあり、インド政府とのつながりもあるようでした。訪問して相談してみたところ、各地のネットワークと政府とのネットワークを駆使すればやれるだろう、という回答でした。

良かった、これでなんとかインドにNGOを設立したり、インドの団体と直接交渉したりしなくてもプロジェクトがスタートできる。そう思ったのもつかの間、最初の調査費や案件形成に多額の資金を必要とする、という連絡がきました。

その時点で集まっていた基金の5倍ほどの予算を要求されたことと、何よりその資金を使ってこれから現地調査等を進めるため、プロジェクトの実行が確約・保証されるわけではない、ということでした。

お金が足りなかったこともありますが、基金を使ったのにプロジェクトは開始できませんでした、ではまったくお客さまに説明がつかないため、こちらの団体と組むこともあきらめることとなりました。

３つの選択肢のうち、日本国内のＮＧＯと組む案が頓挫し、残された案は山田氏から寄せられる見込みの現地報告から可能性を見出すか、やはり現地でＮＧＯの設立をするか、になりました。

インドから届いた熱い連絡

当時、季刊だったhaco.のカタログは、1月、4月、7月、10月に刊行されていました。前年の10月にmen♡teの告知をしてから半年が経過し、1月発刊のカタログでも、ＰＢＰコットンプロジェクトの商品は、順調に売り上げを伸ばしていて、お客さまからの期待と、お預かりしている基金がどんどん増していきました。

反面、2冊のカタログを発刊していながら、そこで発表できる具体的な支援先は決まっていませんでした。時間だけが過ぎていく状況が続いていたのです。

「このままでは、お客さまにプロジェクトの頓挫を報告して、返金することになりかねない……」

２００９年の3月になり、そう考えていた僕のもとに、ＪＩＣＡの山田氏から、

「Development Alternatives」というインドのNGOの全国ネットワーク組織に委託して調べた、インドのオーガニックコットンについてのレポート[※1]が届きました。当初は英語で、そして英語ではなかなか共有が難しいでしょう、ということで、追って7月には日本語翻訳版も届きました。そこには、インドにおける綿花栽培の現状、農家の状況、有機農法の方法、有機綿の市場状況などが克明に記されており、そして待ち望んだ、インド国内で農家に対して有機農法を導入する支援をしている団体も記載されていました。飛び上がるほど嬉しかったことを覚えています。

少し長くなりますが、序文をここに転載します。

序文

JICAインド事務所内に設置された「NGO-JICAジャパンデスク」は、本邦NGOのインドでの活動開始に際して必要な情報提供を行うことを目的として設置されました。近年、本邦NGOや本邦企業からの照会で目立つのがコットン生産の実態に関する情報です。団体によって関心領域は異なるものの、児童労働や環境にやさしい持続可能な農業生産として有機栽培が注目されている様子が窺えます。また、直接照会を受けた以外でも本邦団体の活動としてインドで生産されたオーガニックコットンを使用した手工芸品をフェアトレードで輸入販売しているところもあります。

具体的に照会を受けた中には、オーガニックコットン栽培を指導している草の根NGOやオーガニックコットン栽培の研究を行っている研究機関の所在を知りたいというものもありました。本邦の通販会社が、コットン製品の通信販売売上げの一部を基金として積み立て、この基金からオーガニックコットン栽培の実践指導に関わっている現地NGOや作物栽培研究を行っている大学・研究機関に助成を行うという構想ですが、それに応じるにはジャパンデスクにも手持ちの情報が少なく、新たに情報収集を行う必要があると当事務所では考えました。

ジャパンデスクに照会を下さる団体の多くはインドに拠点を持たず、専ら本邦からの情報と限られた時間制約の中での現地調査に頼らざるを得ず、著しい情報不足の状況に直面しています。この情報不足が解消されれば様々な草の根レベルの協力構想は具体化が可能になりますが、情報収集は1団体では取ることが難しいリスクでもあります。元々ジャパンデスクはこうした情報不足を解消することを目的として設置されているため、インドのオーガニックコットンに関心を持つ多くの本邦団体に代わって情報収集を行い、これを提供することは妥当性があると考えます。

本報告書は、当事務所の調査企画の下に、実際の調査は２００９年2月から3月にかけ、インド有数のネットワークＮＧＯであるDevelopment Alternatives（以下、ＤＡ）が行いました。ＤＡのプロジェクトチーム（Dr. K. Vijaya Lakshmi, Mr. Anand Kumar, Ms. Neelam Rana）は、調査にあたり、インド国内のオーガニックコットンのステークホルダーと生産者を実際に訪問し、多くの有用な情報収集を行いました。また、調査ではアンケートも実施しましたが、その準備・実施過程で、Solidaridad Regional Expertise Centre、Action for Agricultural Renewal in Maharashtra から貴重な調査協力と情報提供をいただきましたことを、この場を借りてお礼申し上げます。（以下、一部略）

僕は、あらためてこのレポートを読み、インドにおける綿花栽培の現状、課題を把握し、そしてオーガニックコットンに関していえば世界最大の生産国であることも知りました。全綿花に占めるオーガニックコットンの流通量はほんの少しでしかありませんが、それでもそのリーディングカントリーがインドであるということは、プロジェクトが循環していけば、いつかは貧困農家の生活改善活動から生まれた綿花がインドの国際競争力の強化につながる可能性があることが見えました。とても前向きな情報でした。

山田氏からはさらに嬉しい情報が届きました。この調査を通じてインド事務所内でもこの案件の認知度が高まり、ＰＢＰコットンプロジェクトの現地での事業形成サポートに関わり続けてもよいとの上司のお墨付きをもらった旨が記載されていました。これも本当に嬉しいお知らせで、これ以上ないほど心強いパートナーを得ることができたのです。

ＮＧＯ大国と言われるインドで、どの団体が信頼できるかの判断が非常に難しい中、まさにこの分野の国家レベルの専門家とも言えるＪＩＣＡのサポートを得られることは、昨年では考えられないことでした。再度、島崎隆司氏の言葉が頭の中をかけめぐった瞬間でもありました。

これによって正式にＪＩＣＡのサポートを受けることが可能となったため、レポートに記載されていた団体に関しても内容の精査を進めるとともに、さらなる調査も進めてもらいました。少しずつ、残り半分の循環構造が形作られはじめました。

※１　レポート

「インドにおけるオーガニックコットン生産の概況」。

https://www.jica.go.jp/india/office/information/event/2009/ku57pq0000225ac3-att/090730.pdf

運命の人、きたる

２００９年７月。レポートに関するやりとりや、団体の絞り込みについての調整、および年内に訪印して現地調査をしたい旨などを山田氏と進めている中で、彼から次のようなメールが届きました。

「本件の実務担当者の採用を進めていましたが、どうやら決まりそうです。彼女は、今は日本にいて、９月からインドに来る予定で、来印したらそのまま本プロジェクトを担当するので、よかったら日本で直接プロジェクトについて説明してください」

僕はそのメールに「わかりました。お会いして、説明しておきます」と返信しました。

その頃の僕は、やりとりは基本的に山田氏と直接行っており、ＪＩＣＡの組織のことなどあまりわかっていなかったため、文面からは、多分山田さんの補佐として事務的な仕事をする人が来るんだろうな、と思っていました。きっと途上国に興味があって住んでみたい、という感じの、年齢も意識も大学生に近い方が来るんだろう、と。

しかしＪＩＣＡの企画調査員というのは、そんな甘い考えの人がなれる職業ではなかった、ということを思い知らされます。

彼女が神戸の会社に来てくれたのは、9月上旬のことでした。商談室に呼ばれて行ってみると、黒いスーツを着た、黒髪の小柄な女性がいました。その後も僕に人生レベルで大きな影響を与えることになる、榎木美樹氏です。渡された名刺にはPh.D（博士号）と書かれており、なんというか、強いオーラを纏（まと）っていました。そして、本当の意味での〝インドのプロ〟でした。

プロジェクトの説明については、これまでの経緯を含めてありのままをお伝えし、榎木氏はもう翌週にはインドに発つとのことなので、数ヵ月後のインドでの再会を約束してミーティングを終えたのですが、彼女の経歴は驚くべきものでした。

大学生の時にスタディツアーでインドに行き、インドの貧困層の現実を見て衝撃を受け、その後インドの社会的弱者の研究を進めます。

その中で榎木氏は、身分制度（カースト制度）を知り、カーストの中でも生まれながらに強烈な差別を受ける不可触民の存在や、不可触民自らの社会運動があるということを知り、中でも仏教徒の運動が力強いこと、そしてその仏教徒の中には元不可触民層が多いことを知ります。

ヒンドゥー教から仏教への改宗は、彼らが生まれ変わったあとではなく今回の（！）人生で人として生きていくためのひとつの方法でもあり、不可触（見ても触ってもいけない）などという扱いから自己の存在意義を確かめる方法でもありました。その活動を率いていたのがインド仏教徒の頂点に立つ、日本人の佐々井秀嶺さんという僧侶でした。彼女は佐々井師に同行し、さまざまな危険な目に遭いながらも、自らの目でインド中の不可触民たちの実情と悲哀を見続けてきた人だったのです。

後日、榎木氏から聞いた話では、山田氏に言われてフェリシモを訪問してみたところ、なんかチャラい長髪のホストみたいな人が出てきて驚いた、と聞きました。話してみてもまったくインドに関する知識はないし、国際協力の経験もないし、よくこんな人がこんなプロジェクトをはじめたなと思った、とのことです。

とはいえ、僕にとっては心強い仲間を得ることができ、いよいよ現地でのパートナー選びが佳境を迎えます。

2度目の訪印

榎木氏の着任後、ＪＩＣＡインド事務所はパートナー選定についての情報収集をどんどん進めてくれました。現地パートナーの候補は「チェトナ・オーガニック」と「プラティバ・シンテックス」の2つに絞られていました。山田氏・榎木氏ともに事前に現地にも足を運び、より詳細に打ち合わせもしてくれていました。

チェトナ・オーガニックは、以前、豊島の常川健志氏がメールで問い合わせをしてくれていたアンドラ・プラデシュ州ハイデラバードに本拠地を置くNGO団体です。その時は返事がなかったのですが、JICAを経由するとコンタクトを取ることができました。餅は餅屋、綿は綿屋、国際協力は国際協力屋ということなのでしょう。小規模農家のチームビルディングを行い、綿花だけでなく有機農法全般を通じて農家の生活改善を行っている団体です。

プラティバ・シンテックスはインドの巨大なアパレル企業で、彼らが立ち上げたヴァースーダプロジェクトでは、自分たちで綿花畑までも所有し、その中で農家の有機農法への転換支援プロジェクトを行っていました。昨年の視察時にも訪れたマディア・プラデシュ州インドールでプロジェクトを行っており、もしここと組んだ場合は、綿の後工程である糸、生地、製品とダイレクトにつながっており、プロジェクトの製品化には非常に有利になる可能性がありました。

このようにJICAチームの活躍によって、どんどん現地の開拓が進んでいき、いよいよ2009年12月初旬、マーケティング本部長で「フェリシモの森」プロジェクトリーダーでもある星も同行し、豊島チームとともに現地視察に行くことになりました。

この時点で、ＰＢＰコットンプロジェクトが発表されてから1年あまりが経過しており、men ♡ te のデザインバリエーションも増え、Ｔシャツやバッグなど手袋以外のアイテムも展開し、プロジェクト自体はどんどん大きくなっていました。まだ基金額も少なく、しかも具体的なあてもなく訪れた前回とは違い、より多くのお客さまの支持をいただいた上で、「フェリシモの森」の創設者でもあり経験豊富な星との訪印、そして何よりインドでどんどん事業形成をサポートしてくれている山田氏と榎木氏に、現地で会ってプロジェクトを進められることにとてもワクワクしながら飛行機に乗りました。

どちらも優秀、どちらも最適

２００９年12月4日、シュリ・サンジェイ・トレーディングのブリジェシュ氏も合流し、ハイデラバードにあるチェトナのオフィスを訪問しました。

チェトナは、農家の主体性と参画性を重視しており、農家とともに対話しながら事業を展開していく組合型の組織でした。

代表のアルン・チャンドラ氏が国際ＮＧＯの農業部門で経験を積んだあと、インド国内の小規模農家の課題を解決するために数名の発起人とともに２００４年に設立した若い団体です。発足当時に参加した農民は２３０人でしたが、訪問した２００９年には約６０００人が加盟する組織に成長しており、有機農法の指導を通じて年間約８００トンのオーガニックコットンを生産していました。

ＪＩＣＡの協力によって、すでにチェトナにはプロジェクトの趣旨と要望が伝わっており、議論を踏まえてチェトナ側から、彼らの２つの事業地のうち、より貧困問題が切迫しているオリッサ州でＰＢＰコットンプロジェクトの協力を受けたいという提案を受けました。

当時活発化しつつあったテランガナ州独立運動の影響で、ハイデラバードから近いチェトナの事業地までの道が封鎖されたため、直接農地への視察はかないませんでしたが、結果的に丸２日間議論することができ、僕はチェトナは予想以上に基金を預けるパートナーとして適しているな、という印象を受けました。

まず農家の生活改善を目的に活動していて、通常の綿花の商取引の外側にいたこと。方法論としての有機農法をさまざまな方向から研究・実践していて、研究開発を別の団体に依頼する必要がなかったこと。そして何より若い団体であり、やる気と希望に満ち溢れていたことからです。ただ、ＪＩＣＡの2人は「オリッサか……」と複雑な表情をしていました。

ハイデラバードをあとにした僕たちは、インドールへと移動し、もうひとつの支援先の候補であるプラティバ・シンテックスを訪問しました。プラティバは、1997年の創業以来、栽培農家支援プロジェクトを実施してきた実績があります。ビジネスと支援活動を両輪で行い、欧州企業やＮＧＯとの連携実績もあり、レポーティング能力も高く、こちらも基金の受け皿として申し分ないと感じました。企業なので通常の取引の延長線のような形で契約することができそうで、収穫した綿花を購入したり、糸にしたり、生地にしたり、などといったことも話が早そうで、豊島のメンバーもブリジェシュ氏もその先の話がしやすい、といった印象を持ったようでした。

もし、チェトナに出会っていなければ、確実にプラティバと契約していたと思います。そのぐらいしっかりした団体で、むしろその時置かれていた、プロジェクトの発表から1年以上が経過している状況や、僕たちの能力的にインド国内での事業実施に不安がある点を考えると、プラティバと契約するべきだったのかもしれません。

1年前と比べるととんでもなく恵まれた状況になっていました。2つの団体との出会いという大きな実りと、近く重大な決断をしなければならない、というプレッシャーとともに、充実した気持ちで2度目のインドをあとにしました。

迷ったら難しいほうを選べ

帰国後、関係者とやりとりをしながら、僕は決断を迫られていました。どちらを選んでもプロジェクトは成立します。ビジネスチームはプラティバ推しです。ただ、僕は昨年のインド訪問やその後の情報収集によって、サプライチェーンの中に組み込まれる形でのプロジェクト実施には拭いきれない違和感を覚えていました。

商取引の延長では、どこまで行っても買う側が売る側より強く、そういう意味では今回は僕たちが買う側の立場を持ってさらに基金まで供給するわけですから、プラティバを選べば、強い立場のまま、プロジェクトに参画することができます。しかし、その構造こそがこの状況を生んでいる面もあるのではないだろうか、という考えが生まれていました。今回のプロジェクトは、富の移転ではなく、大地への恩返しがゴールです。インド綿農家と日本人が手を取り合って進めていかなければいけない。通常の商取引の感覚で考えるのではなく、もっと広い視野で見た時に、どちらにするべきなのだろう。ビジネス側の立場だけで考えるのではなく、ＪＩＣＡの2名にも意見を求めました。

　山田氏と榎木氏からは、あくまでＪＩＣＡは事業形成をサポートしている立場なので決める立場ではないが、気持ちとしてはチェトナを支援してほしいと思う、と言われました。なぜなら、チェトナから提示されたオリッサ州カラハンディという地域は、インドでも最も貧困な地域のひとつであったこと。さらに、慢性的な飢餓によって多くの人が命を落とし、口減らしのために子どもが売られていたような地域だということ。そのような地域は他の地域と比べて交通の便や安全性の観点から援助なども遅れがちになるということ。まさにそのような地域で、民間と組んだこのようなプロジェクトが成果を出していくことは非常に意義があると思う、と。

　あの時の微妙な表情はまさにこのジレンマからきていたものだったのです。

　星にも意見を聞いてみました。彼もＪＩＣＡの2人と同様にチェトナ・オーガニックが良いのではないか、とのことでした。その理由は、農家に主体性を持ってもらうために協同組合の方式を取っていることでした。支援だけではずっとは続かない。大切なのは農家の主体性を育むことだ、と。プロジェクト構想時から彼が言っていたことであり、インドの植林プロジェクトを通じて実感してきたことでした。

　インドの神様は2つの選択肢を与えてくれた。どうせやるのならば、より根深い問題が解決できるほうを選ぼう。何も知らないからこそできることもあるかもしれない。プラティバはきっと自分たちでもなんとかしていけるし、他の団体であっても参入しやすい。チェトナと組むことは、プロジェクト実行にとって難易度は高いけれど、より多くの貧困に苦しむ人たちが助かるかもしれない。それが、僕が自分の「良心」に問いかけて出した答えでした。

チェトナ・オーガニックを事業支援先の第一候補とするというメールをチェトナとＪＩＣＡに送りました。

驚きの知らせ

２０１０年、年が明けて春になり、現地や社内での調整など諸処の手続きを経て、チェトナ・オーガニックとＭＯＵ（Memorandum of Understanding＝基本合意書）を取り交わすところまでたどり着きました。あとは支援地となるオリッサ州に実際に足を運んで、どんなところで、どんな人たちとプロジェクトを実施していくのかを見て最終判断する局面です。

現地訪問は4月に決まりました。榎木氏と詳細な日程調整やMOUの内容についてやりとりを重ねる中、山田氏から1通のメールが届きました。それは、まさかの離任の知らせ。サラリーマン的に言えば、異動が決まった、ということでした。

幸いなことに、僕自身は自分では望んでいない異動を経験せずにここまできていましたが、官公庁でも会社でも、多くの組織では、大体3年ごとに異動があるところも多いのではないでしょうか。山田氏のインド駐在がはじまったのは2007年7月から。JICAの新しい取り組みとして民間連携を目指していたところに、ちょうど僕たちが訪問し、山田氏自身が取り組みたかった仕事とシンクロしたこともあり、このプロジェクトに対して惜しみない協力をしてくれていました。しかし、プロジェクトの開始を待たず、離任の内示が出てしまったとのこと。

山田氏は、個人的には非常に残念ではあるが、離任後も榎木氏は引き続きデリーに駐在し、PBPコットンプロジェクトにも関与していくから当面の心配はいらない。ただ、長い目で見た時にはやはり事務所の体制も変わっていくだろうし、プロジェクト自体も自立していく必要があるから、そういう心構えでいてほしい、と。今回のオリッサ視察に関しても自分は立ち会えない、と書かれていました。

驚きと、せっかくここまでご尽力いただいて、その先をご一緒できない無念さもありましたが、なんとしてでも今回の訪印でプロジェクトを開始させるんだ、という強い意志とともに、３度目のインドへと向かいました。

3度目の訪印

２０１０年４月20日。豊島から素材部門の溝口量久氏、フェリシモからは同期入社の児島永作がメンバーに加わりました。溝口氏は豊島内のオーガニックコットンプロジェクト、オーガビッツのリーダーとしてインド綿の供給体制を整えるためのメンバー入り、児島はhaco.の商品の調達業務でリーダーをしており、今後のサプライチェーン体制の構築を見据えたメンバー入りでした。

デリーに到着した僕たちは、まずＪＩＣＡインド事務所を訪問。山田氏と所長の山中晋一氏と面会し、これまでの謝意とこれからの展望について話し合いました。離任前の山田氏と会うのはこれで最後になります。プロジェクトへの思いと彼への感謝と複雑な気持ちとともに、榎木氏と一緒にオリッサへと向かいました。

これまでの2回の訪印は飛行機で移動し、そこからは車で1～2時間程度移動する、という旅程がほとんどでしたが、オリッサは思った以上に、いや、想像をはるかに超える奥地にありました。まず、デリーからヴィシャカパトナムというインド東海岸の空港に飛び、そこでチェトナのメンバーと合流。空港近くのホテルで翌日以降の旅程の確認を行ったうえで、翌朝始発の電車に乗るために早めに就寝。4時半起床で行動を開始し、6時ヴィシャカパトナム駅発の電車に乗って移動します。日本の電車のように社内アナウンスがあるわけではなく、時おり駅に着くとドヤドヤと人が乗り込んできて、駅に着いたことがわかります。電車内は、もの置きのように区分けされ、3段ベッドのような階層になっていきます。家族連れたちの喧騒と「チャーイ、チャーイ」というチャイ売りの声に揺られること6時間。正午にケシンガという駅に到着しました。

電車を降りると、刺すような日差しとともに、すごい熱気が押し寄せてきました。インドは4月から5月が年間で最も気温が高くなる時期。これまでの訪印は冬だったのでそれほど暑いと感じることはなかったのですが、今回は様子が違います。この時期のオリッサ州の気温は連日46度を計測。体温よりもはるかに高く、46度のお風呂に入ることができないように、そこにいるだけで、空気が燃えているように暑く感じます。

チェトナのスタッフが、今日は長時間移動で疲れているし、いきなりこの気温でフィールドに行くと危険なので、ホテルに行って夕方まで過ごして涼しくなってから行こう、と言います。ホテルへは駅から車で1時間程度。エアコンの利いた車内から初めてのオリッサの風景を眺めました。

これまでの2回の訪印で、ムンバイやデリーといった大都市、インドール周辺の農村などを訪問してきましたが、それらのどことも違う、独特な風景がそこにはありました。もちろんインド特有の埃っぽさはあるのですが、科学的な匂いがないというか、資本社会的な匂いがないというか、なんとなく「平和」な空気が漂っていました。暑すぎて人はそれほどいなかったのですが、それでもリキシャがいて、暑そうに寝そべっている牛がいて、犬がいて、木陰で何やら話している人たちがいて。さぞかしひどくて危険なところに行くのだろう、と思っていた僕は、少しだけホッとしながらその風景を眺めていました。

ホテルに到着して荷物を置き、少しだけ周辺を歩いてみました。自分の足でオリッサの地に立つと、まさにこれまでとは違い、いよいよはじまるのか、という強い気持ちが湧き立ってきたことを覚えています。暑さで道が歪んで見える中、埃の舞う砂利道をしばらく歩くと、46度の熱気が肺に入ってきてすぐに体力を奪われます。逃げるように木陰に入ると、日差しを遮ることができて体感気温がグッと下がります。先ほど車から見た人たちや牛や犬と同じ気持ちになれたような気分になり、灼熱の中ぽかんと時間が止まったような、ただ日が暮れるのを待つような、不思議な感覚になりました。

いざ、オリッサの農村へ

夕方になり、気温も下がってきて、いよいよ農村へ出発しました。車で1時間ほどとのことでしたが、舗装された道から少し入ると土のままの未舗装のガタガタ道が続きます。林の中、森の中、山の中を無理やりジープで乗り越えながら進むと、徐々に集落が見えはじめます。区画があってその中にコンクリートや木でできた家が並んでいるのではなく、森を抜けた道の先に徐々に茶色い土壁が現れ、土壁にレンガを乗せたような家が連なって集落を形成しています。

ヤギやニワトリ、犬が道沿いを走り回り、車が近づくと子どもたちがたくさん集まってきます。村の真ん中にはとても大きな菩提樹(ぼだいじゅ)があって、そこにたくさんの村人が集まっていました。僕たちが近づくと楽隊が太鼓や打楽器を叩きながら熱烈なダンスで迎えてくれました。音と、歌というより叫び声が重なり、圧倒される僕たちの手を取ってダンスの輪の中に入れてくれました。ダンスのひと時が終わると、菩提樹の前にココナッツが供えられていて、石を使ってココナッツを割り、歓待の儀式が終わりました。

オリッサ州カラハンディというエリアについては、ＪＩＣＡの2人から、事前に文化的、政治的背景について情報を得ていました。インド国内でも最も貧困な州の1つだということや、山間部では反政府ゲリラが今も活動し、政府も把握していない部族がいること。日常的に女性に対するレイプが起きたり、地域によっては未だに女性は子どもを産むための道具としか思われていなかったり、ある意味、厳しい現実を突きつけられるネガティブな情報も多くインプットされていました。

もちろんそういう現実はあるでしょうし、見えないようにされていたのだと思います。しかし、そういった情報による先入観が払拭されるほど、はじめて接したオリッサの農家の人々は明るく温かくポジティブに僕たちを迎え入れてくれました。

すでに時刻は夕方だったので、徐々に景色がオレンジ色に変化していく中、菩提樹の下で村人たちと軽く意見交換をしました。現地の言葉はオリヤ語、あるいはサワラ語と呼ばれる先住民の言葉です。チェトナのスタッフに通訳をお願いしながら、少しずつ話すことしかできませんでしたが、会話そのものよりも、彼らの力強い目、カチカチに固い手足、女性の着ているサリーや男性の着ている服装、会話の中でのふとしたしぐさ、そして何より動物も植物も一体となって存在している環境に吸い込まれるような気持ちになったのを覚えています。暗くなってきた山道を、来た時と同じように戻り、夜はチェトナのフィールドオフィスで、有機野菜で作られたオリッサカレーをご馳走になり、意見交換をしてホテルに戻りました。

翌日は、日中の灼熱を避けるために朝7時からフィールドへ向かいました。車で山の中を進むこと1時間。前日よりもさらに激しい山道、というよりもはや山の中を進んでいる感じで、もうさすがにこれ以上は進めないだろう、というぐらい細いけもの道の手前にたどり着きました。道に迷ったのかな、と思いきや、そこには数台のバイクが並んでいて、そのバイクの後部座席に乗り、道なき道を進みます。インドの山奥をバイクで走るとはさすがに思っておらず、あまりの気持ちよさに、思わず歌を歌っていました。山を抜けると大きな川が見えてきて、砂地を走りながら川岸まで到着しました。

100メートルぐらい先の川の向こう岸では、子どもたちが楽しそうに飛び込み遊びをしていました。どうするのかな、と思っていると、向こう岸からイカダのような船が近づいてきます。2艘の手漕ぎ船の間に何枚かの板を渡してひとつにつないだような形をしている船が岸に着くと、板の部分にバイクを載せはじめました。

「Let's go!」バイクと僕たちを載せて、船が川を渡りはじめます。川はそれほど深くないようで、流れもゆるやかです。長い棒で川底をかきながら、船はゆっくりと川を渡っていきます。「悠久の時」という言葉がありますが、まさにその表現がぴったりです。インドといえばガンジス川というイメージがありましたが、川を渡っている時は少しだけガンジス川を流れているような気分になりました。溝口氏と児島はテンションが上がって、その川を泳いで渡り、子どもたちと戯れていました。

子どもたちが飛び込んでいる対岸に近づくと、チェトナスタッフから「Take off your shoes（靴を脱いで）」と言われ、靴と靴下を脱ぎ、船を降ります。砂地の川岸に裸足で降りるとひんやりとしてズシッと土を感じ、まさにオリッサの大地に降り立った気分になりました。乾いたところまでそのまま裸足で歩いて、靴下と靴を履いて、バイクの後部座席に座ると、また走り出します。こちら側の岸は山道ではなく荒涼とした草原で、ところどころに大きな菩提樹が生えていて、原始時代のような光景です。あぜ道のようなオフロードをバイクで走り抜け、いくつかの崖のようなところを越えると、平坦な道が出てきて、昨日聞いたのと同じようなリズムが聞こえてきました。

村の名前はゴラムンダ。すでに日は高く昇っていて、色とりどりのサリーが光に照らされてすごく綺麗に見えます。なるほど、こういう気候だからこそ生まれてくる美しい柄なのだなあ、と感じます。昨日のような歓迎の式典を受けたあと、まずは村人との対話、そして子どもたちとの対話の時間となりました。村人との対話では、どのような仕組みで有機農法をしているか、それまではどのような生活だったか、などを聞きました。聞いていたとおり、まず農家にＳＨＧ（Self Help Group＝自助組織）を組織して、村人自らが能動的に活動することに重点を置いて、その方法をチェトナがサポートしているようです。

チェトナは農業のプロ集団でもあり、その土地で最も良く育つだろうと思われる綿花の種類を選別し、最適な種子を提供することで収穫量を向上していく、というやり方を採っていました。大量に遺伝子組み換えの種子を供給していく一般的なやり方とは一線を画しています。また、堆肥に関しては村に設けられたパイロットエリアの施設で最適な堆肥を生成し、その作り方をＳＨＧに教え、農家自らが周辺に広げていくことで農法を拡散していました。虫除けの方法に関しても同様にその施設で牛のし尿などから天然の農薬のようなものを生成し、その作り方を教えていました。

そして何より、フィールドスタッフは現地の人を採用し、有機農法への転換の方法論を伝授しながらも、その土地の文化や風土の相互理解を深め、一方的な押しつけではない形で直接農家と対話しながらプロジェクトを進めているようです。外から来た人が頑張って何かをインストールするのではなく、土地の人と農家の人が一体となってプロジェクトに取り組もうとしている姿勢にとても好感が持てました。

子どもに夢を聞く

村人との対話のあとは、子どもたちとの対話です。たくさんの子どもたちが集まってきてこちらを見ています。服装はお世辞にも綺麗と言えるようなものではなく、みんなサイズの合わないボロボロの服や、何度も洗ってクタクタになった学校の制服を着ていましたが、一様に目がキラキラと輝いていて、本当に純粋なインドの子どもたち、という印象でした。当時はまだデジカメなどが珍しかったので、写真を撮って見せてあげるとみんなが恥ずかしそうにカメラに写った自分を見て、周りと笑い合っていました。

僕に質問の順番が回ってきたので、「What is your dream?（あなたたちの夢は何ですか?）」と聞いてみました。日本の子どもたちのように、野球選手！　サッカー選手！　お花屋さん！　学者！　といったいろいろな答えが返ってくると思って聞いてみたのです。言われたら、「じゃあ頑張って勉強しような！」などと返すつもりでした。しかし、それまでワイワイ騒いでいた子どもたちが、その質問が翻訳されたとたん、急にシーンとしてしまいました。ひとりだけ、「電気の使用量を計測する人になりたい」と具体的に答えてくれました。みんながいる場で何かになりたい、と言うのは恥ずかしいのかな、と思ったのですが、あとで榎木氏に聞くと衝撃的な回答でした。

「あの子たちは、農家になる、という未来しか知らないんですよ。電気の使用量を計測する人、というのも、そういう仕事をしている人を見たことがあっただけでしょうね」

僕はこの時まで、子どもというのは世界共通で「将来○○になりたい!」とか「いつかこれをやってみたい!」とかたくさんの夢に溢れて生きているものだ、と思っていました。あんなにキラキラした目をした子どもたちが、自分の将来について一本の道しか想像することができない、ということに大きな衝撃を受けました。つまり、「あなたは将来何になりたいの?」という質問に対して「農家に決まっているでしょう」という答えしかないのです。さらに聞くと、「あの子たちは結婚相手も自分では選べないんですよ」と榎木氏は教えてくれました。オリッサの農家に生まれ、親の決めた相手と結婚し、子どもを生み育て、という一本道が先祖代々繰り返されている。

このことは、僕がインドで受けた最初のカルチャーショックとなりました。

選択肢のあるしあわせ

村を出た僕たちは、15キロ先の橋を渡り、ゴラムンダまで来てくれていたジープに乗って、次の目的地への移動をはじめました。移動中は、ずっと先ほどのことを考えていました。

おなかが空いて食べるものがないとか、お金がなくて欲しい物が買えない、といったことは、食べ物やお金があればなんとかなります。ですが、なりたいものを知らない、自ら選ぶための選択肢を持っていない、ということは、通常の貧困とはまた違う概念での貧困だと思います。

物質的満足や金銭的満足は、その人のしあわせの必要条件ではあるかもしれないけれど、十分条件ではないでしょう。そして、誰もが努力すれば成功できるのかというと、世の中そんなに甘くはありません。では、果たしてどういう状態が貧困ではないと言えるのか。しあわせだね、と言えるのか。

僕は、結局、選択肢の中から自分の意思で道を選ぶことができる状況にあること。選んだ結果が成功でも失敗でも、道を選択することができること。つまり自分で自分の人生を選択できる状態にあることが、一番しあわせなのではないか、との思いに至ります。

選択肢を知りたくなければ知ろうとしないという選択をすれば良いし、他にどんな選択肢があるのかを知った上で選択したのであれば、あとは決めた自己責任です。このことは、事業活動を通じて社会にしあわせを届けていくことを理念に掲げるフェリシモに勤める自分にとって、以降の事業を考えていく上でとても大きな気づきを与えてくれた出来事でした。

次の目的地に向かう途中の山の中でランチを取りました。ペットボトルに入ったミネラルウォーターは、常温といっても気温46度、お湯を飲んでいるのと同じです。お湯を飲みながらカレーを食べていると、口の中がもう辛さと熱さとで大変なことになります。汗だくになりながらランチを終え、手を洗い、高台に登って見下ろすと、オリッサの風景が一望できました。

まだ口の中はヒリヒリしていましたが、熱い空気を吸いながらオリッサを眺めていると、やはりここで何かをしていけ、と神様が言ってくれているように感じました。

MOU締結へ

灼熱を避けながらいくつかの村やジン工場を視察したあと、チェトナの事務所で、契約について、対象となる村について、児童労働の禁止や奨学金について、そして収穫されたコットンがどう市場に流れているか、など具体的な話し合いを行いました。

当初の計画では、

1. インド綿農家のオーガニックコットン栽培を支援します。
2. インド綿農地での輪作を支援します。
3. 有機農法や輪作のための研究開発を支援します。

としていましたが、もともとチェトナが有機農法の専門家であり、農家の栽培する作物のひとつとして綿花を選択し、他の作物も含めた支援をしていたために輪作支援が不要となりました。また、チェトナがすでに有機農法の研究開発および現地での生育の実験施設を保有していたことから、別枠での研究開発支援も不要となりました。この2つは転換支援の枠として1つにまとまりました。

1．インド綿農家の有機農法への転換を支援します。
2．農家の子どもたちの児童労働を禁止し、就学・復学を支援します。
3．高等教育へ進みたい子どもたちへの奨学金を授与します。

この3つの目的に修正することとなり、それぞれの内容に対して基金を分けていくことにしました。この時、すでにPBPコットンプロジェクトには660万円の基金がプールされており、年度内には900万円に到達する見通しでした。コットン栽培においてケミカルからオーガニックへの転換完了には3年かかるということを考慮し、もし何かが起きたとしても支援を開始した農家に最低でも3年間の支援ができるようにと、年度末基金残額を3年分に分割して、1年あたりの金額を計算し、最初の支援金額は年間300万円を目安にすることにしました。

やっとここにきて、2008年にはじめて訪印してから、足掛け3年にわたって試行錯誤を重ねてきたPBPコットンプロジェクトの枠組みが完成しました。実際の締結はもう少し先になりそうでしたが、締結に必要な細かな取り決めが、この4月の訪印でフィックスしたと言ってもいい状況になったのです。

回りはじめた最初の循環

帰国し、出張報告をまとめ、契約に向けた最終段階の調整を行っていた僕に、名古屋から悲しい知らせが届きました。ここまでずっとプロジェクトを支えてくれていた常川氏の異動の知らせでした。聞けば東京への栄転だったのですが、彼の存在はプロジェクトにとっても、僕にとっても非常に大きなものでした。

常川氏自身も、ＰＢＰコットンプロジェクトにはかなり強い思い入れを持ってくれており、引き継ぎ時は、「人事異動によって、ＰＢＰコットンプロジェクトは自分でハンドリングをすることができなくなるが、名古屋でしっかりと後任の担当をつけてほしい」と、わざわざ社長宛に手紙を書いてくれていました。

思えば、アパレルと国際協力の両方の知識も常識もないまま循環プロジェクトを構想し、スタートしようとした僕にとって、綿から製品までの半循環の構築を支えてくれたのが常川氏、基金から綿までの半循環の構築を支えてくれたのが山田氏でした。この２人の「大人」がいなければ、間違いなくただの若造の戯言で終わっていたことでしょう。

こうして文章に起こしていても、当時の2人の先見の明というか、よくぞあの時の自分の勢いだけのプレゼンテーションを聞いて、これだけのことをしてくれたものです。きっと彼らには、こいつが言っていることを実現するにはこれだけの壁を乗り越えなければいけない、というものが見えていたはずで、でもこの若造の言っている未来を信じてみよう、と思ってくれたのだ、と思います。

いよいよ、その2つの循環が1つにつながり、動き出そうとしているまさに同じタイミングでの2人の異動は、組織人として、企業人として何かを成し遂げていくことの難しさを痛感させられる出来事となりました。また、山田氏が榎木氏をアサインし、常川氏が浅井義広氏や溝口量久氏をアサインしたように、なんでも自分で突っ走ればよいのではなく、常に後輩や部下、チームと物事を進めないと、いざという時に永続性が保てないのだ、ということも学ぶこととなりました。

そんなことがありながらも、事業面においてはチェトナ・オーガニックとの最終調整が終了し、2010年7月にMOUを締結し、第1回の基金の拠出（振込）が行われました。

2008年の構想開始から丸2年以上。ファッションを楽しむために綿花を使えば使うほど大地が疲弊し、綿農家が自殺し、子どもが働かされる……。そんな悪循環ではなく、みんなで手をつないで、より良い循環が生まれる仕組みを作りたい。その一心で、まさに糸をたどるようにサプライチェーンをさかのぼり、たくさんの人に出会い、たくさんの力を貸していただき、やっとここまでたどり着くことができました。

お金を集めて寄付する「寄付型」の支援から一歩踏み込んだ、基金を活用して得た収穫を再度次のサイクルにつなげるという「循環型」の事業デザインを描くことができたのです。

第1回の拠出では総額300万円の基金を活用しましたが、当時のオリッサ州政府が保証していた労働者の最低賃金は1日67ルピー（≒134円）だったので、日本人の金額感覚に換算すると、おおよそ100倍程度の金額だったとのことです。つまり、300万円＝日本円の感覚で3億円ということになります。これが、以降の農家のモチベーションにもつながっていったように思います。

2010年、初年度の支援対象農家は1317世帯でした。2013年までに100％オーガニック栽培に完全移行できる持続性と可能性の高い村が、2つの地区から合計10村選出されました。

対象となった村では、2010年度の作付けから有機農法への移行が支援され、堆肥生成プラント350基の設置、3ヵ所の研究農園の設置、害虫を防ぐためのトラップ作物の栽培、その土地で最適に育つであろう綿花の種子選定のためのパイロット農場の構築などが進められました。そのうえで、現地在住のフィールドスタッフによる各農家への継続的な有機農法の実地研修が開催されました。

教育支援の分野では、就学状況の調査からはじまり、未就学児童が就学するための支援、理解を得られない家庭に対する説得や教育、さらに子どもたちを学校に通いやすくするために、地域住民を集めた教育委員会を結成し、村全体として子どもを学校に行かせる風土の醸成も行われました。

そして、高等教育に進みたい児童に対する奨学金の制度も導入され、さらに個人的な事情でどうしても学校をドロップアウトせざるを得ない中等教育課程の児童には、職業訓練センターという受け皿を用意し、生活に苦しむことのないような手当も実施されたのです。

活動の原資となる基金に関しても、２０１０年5月末日時点で基金総額は６６０万円となっていました。men♡te はさまざまなメディアやクリエイターとのコラボレーションによって10種類が展開され、合計１万８７７０双が販売され、さらに men♡te 以外のオーガニックコットン商品も９５１１着が販売されていました。

基金の増加に、品揃えの拡大が寄与しはじめていました。最初に men♡te で糸を作り、国内のニットメーカーに縫製してもらったことは前述しましたが、men♡te 以外の製品を拡大するために、日本に置いたオーガニックコットンの糸を持って、日本のさまざまなアパレル産地を訪問し、少しずつ素材や製品の幅を広げていきました。和歌山や富山でニットを作り、大阪でカットソーを作り、広島ではデニムを作り、岡山では帆布を作り、今治ではタオルを作り、久留米では絣(かすり)を作りました。日本にいる間は毎月どこかの日本の産地をかけめぐっていました。

当時、アパレルの生産拠点はどんどん中国に移っていて、日本の産地は需要の減少、労働人口の減少などで苦境に立たされていました。価格競争をするのではなく、生き残りをかけて技術と経験に基づいた付加価値の高い製品開発をする必要があり、オーガニックコットンの製品開発は、まさにそういった文脈での産地の新しい可能性のコラボレーションとして展開が広がっていきました。

日本国内ではそういった動きを進めながら、合わせて豊島の中国子会社にオーガニック糸を常時在庫することも可能となり、トレーサビリティを担保しながら中国で製品生産をする道筋も開けていきました。

手に入れやすい価格でそれなりのものが作りたい時は中国で、こだわった本物が作りたい時は日本で、という生産背景のバリエーションの拡大へとつながりました。

まさに、循環の輪がしっかりと噛み合い、ゆっくりと力強く回りはじめていました。

4度目のインドで天狗になった

２０１０年の12月の暮れ、初年度の活動の視察のため、４月よりもずっと過ごしやすい気候の中、榎木氏、児島と再度オリッサを訪れました。支援対象となった村では、村中のいたるところに描かれたＰＢＰコットンプロジェクトのロゴマークを見ることになりました。土壁に手書きで描かれたものでしたが、オリッサの村にプロジェクトが根を下ろしはじめているのを体感し、この地に、矢﨑勝彦会長が提案してくれたシンボルマークが、現地の人の手によって描かれたことに喜びもひとしおでした。

高等教育に進みたいという児童への奨学金の授与も行われ、一人ひとりの目を見ながら何を学ぶのかを聞けたことには心が震えたし、その光景を少し離れたところで見ている彼らの両親の顔を見ると、なんとも言えない気持ちになりました。

４度目の訪印は12月13日に日本出発、18日帰国というスケジュール的に非常にタイトな旅程ではありましたが、自分の目で、耳で、足で、お客さまからお預かりした基金を活用して未来が開けはじめている現場を体感し、この2年半の苦しみから解放され、本当に救われた気持ちになったとともに、充実感に包まれている自分がいました。

チェトナのスタッフとランチミーティング。暑さと辛さで汗だくに

チェトナが運営している実験施設。ここで品種や堆肥の研究が行われています

オリッサの農村では、このPBP コットンプロジェクトのロゴがいたるところで見ることができます

基金に関しても、２０１０年11月末日時点で基金総額は９９４万円と、ＭＯＵ締結時点の見込み金額を超えて、３年分の支援ができることが確定していました。men♡te は合計2万３１３双と2万双を突破し、men♡te 以外のオーガニックコットン商品は5月から1万枚増えて1万９６１５着が販売されていました。

１双の軍手からはじまったストーリーが、日本中の産地につながり、中国の工場に広がり、インドの奥地にまで届いて大きな糸車を回しはじめていました。

満ち足りた気持ちでオリッサをあとにし、長時間の電車移動のあと、飛行機を乗り継ぎ、デリーに到着しました。僕たちとは別で紡績工場の視察に行っていた豊島の溝口氏も合流しました。深夜の出発便まで少し時間があったため、ゲストハウスで少し身体を休め、夕食とともに祝杯をあげよう、ということになりました。「もうカレーはいいや」ということでイタリアンレストランに行き、キングフィッシャービールで乾杯！　いやー、ここまで本当にしんどかった！　なんとかなった！　回りはじめた！　と、ひとしきりこれまでの苦労を語り、お互いの苦労や頑張りを慰労するひと時でした。

この時の僕は、自分が成し遂げた仕事に陶酔していたのだと思います。

歓談が終わり、溝口氏と児島が少し席を離れた時、それまでニコニコと歓談していた榎木氏が、少し真剣な顔で口を開きました。

「葛西さん、言っておくことがあります。あなたさえ来なければ、支援されない人は生まれなかったんですよ。あなたはわざわざ遠く離れた日本からオリッサまでやってきて、支援されない人を生んでいるのです」

達成感で有頂天になっていた僕は、一瞬何を言われたかわかりませんでした。

「えーっと、どういう意味？　何もしないほうが良かったっていうこと？」

「いえ、私はただ事実を言っているのです。今回支援の対象になった村ができたということは、支援を受けられない村ができたということ。奨学金を得た学生が出たということは、奨学金を得られず働く学生が生まれたということ。昨日まで平等に不幸だった人が、今日から幸と不幸に分かれたのです。差別とはそういうところからも生まれるし、だからこそ難しいのです。その事実を認識してください」

ようやくプロジェクトのスタートにたどり着き、この素敵な状況で「お疲れさま、よく頑張ったね。すごいね」と言ってもらえるであろうと思っていた僕にとって、榎木氏の言葉はハンマーで頭を殴られたような衝撃でした。まさに天狗の鼻を折られた瞬間でした。子どもの夢についての一件に続き、インドで受けた2度目のカルチャーショックでした。

物事には両面があり、光があれば闇もある

僕は、最初「どうして、この人はこんなことを言うのだろう」と、頭の中が疑問符でいっぱいになるとともに、怒りさえ覚えていました。あまりにもショックで、何度も彼女の言葉を心の中で反芻したうえで「だったら、最初から何もしなければいいのか」と、榎木氏に反発したのです。しかし、彼女の真意はそういうことではありませんでした。「物事には両面がある。光があれば闇もある。光が強ければ、それだけ闇も濃く出てくる」ということを教えてくれたのです。

例えば、僕たちはプロジェクトの支援先として最終的に2つの候補団体をピックアップし、チェトナ・オーガニックを選びました。しかし、選ばれなかったもう1団体に思いを寄せるという気持ちが欠落していました。榎木氏のように現地調整役としてもう1団体も調査し、そこで働く農民たちともヒンディー語で会話し、その様子を身近に感じていた立場からすると、「選ばない」という選択結果を告げるのは、断腸の思いだったのだと、その時やっと気がつきました。これからチェトナ・オーガニックが支援していく綿農家と、そうではない綿農家にとっても同じような状況が起きていくのです。

僕は榎木氏の言葉に深い衝撃を覚えました。そしてこの時、この言葉を強く自分の胸に刻み込んだのです。大げさに聞こえるかもしれませんが、この言葉を聞いてから、世の中のものの見方が180度変わりました。

スポーツでも将棋でもなんでもそうですが、勝ち負けがあるものには、勝者がいれば必ず敗者がいます。支援をするということは、支援をしないということでもあり、しあわせになる人がいれば、しあわせになれない人もいるということなのです。

入社以来、ビジネスを通じて社会の課題を解決したいと思ってきました。そして、そのことは「良いことに違いない」と思っていました。自分は良いことをしている人になりたい、人にそう思われたい、そう思っていました。そして、このプロジェクトは、「良いこと」だと思っていました。でも、彼女の言葉でその考えを完全に打ち砕かれました。

「良いこと」をしていない人は「悪い人」なのでしょうか。「良い」「悪い」と誰が決めるのでしょうか。それは永遠に続く価値観なのでしょうか。あらゆる争いは、お互いが正しいと思っているから生まれます。そしてその思いは、そうではない人に対するやさしさを奪い、あいつはわかってくれない、と攻撃する気持ちにつながります。

大事なのは、良い悪いでも、他人がどう思うか、でもなく「自分がそうしたいからするという気持ちだけ」なのではないでしょうか。

私利私欲という言葉、公私混同という言葉は、悪い意味で使われます。振り返ってみると、ここまで自分の来た道は私利私欲であり、公私混同してきたことに気づきました。「私はこういうことを知りました、それはすごくいやなことなんです。だからあなたも仕事で協力してください」。言ってしまえばこういうことです。ただ、その「私」が立脚している価値観が「良心」にありました。

矢﨑会長が講話で説いていた「私心ではなく良心で動く」とはこういうことだったのか。王陽明の説く「格物致知」「致良知」とはこういうことだったのか。冗談ではなく、悟りを開いたような気持ちになりました。

「ありがとう、榎木さん。危ないところだった。このまま間違って生きていくところだった。インドには本当に神様がいるんだね」

レストランをあとにし、深夜便でデリーを発ったのですが、頭が冴えて眠れなかったことを覚えています。このあとも何度も榎木氏のこうした「言葉のハンマー」で頭を殴られることになるのですが……。

インドの貧困層

榎木美樹
えのき・みき。大阪府出身。ＪＩＣＡインド事務所企画調査員を経て、現在は名古屋市立大学人間文化研究科准教授。一般財団法人PEACE BY PEACE COTTON評議員。

広大な国土と多様な民族・文化によって構成される、世界最大の民主主義国家。それがインドだ。１９９１年の経済自由化以降急速な経済成長を遂げており、２０５０年にはＧＤＰ（gross domestic product＝国内総生産）で上位６ヵ国に入る可能性がある有力新興国ＢＲＩＣｓ（Brazil・Russia・India・China の頭文字）のひとつとして注目され、多くの企業がビジネス展開を図っている。

日本におけるインドのイメージは、マハーラージャ（高位の王）の絢爛豪華なインド、ガンジス川の流れのような悠久のインド、独立の父Ｍ・Ｋ・ガーンディー、今やＩＴ産業を中心に目覚ましい発展を遂げ都市部では高層建築が立ち並ぶインド、あるいは映画『スラムドッグ$ミリオネア』に象徴的なスラムの印象かもしれない。躍動的で右肩上がりの経済成長とは対照的に、農村部などを中心に、インドには世界貧困人口の3分の1に相当する3億人の貧困層が存在する。これもまたインドの実像だ。

近年のインド経済における経済成長率の上昇は、特に所得・消費面での不平等の増大を伴っている。目覚ましい経済的躍進は同時に格差を生んでいるということだ。その格差は不平等を助長するがゆえに、インドの貧困問題を深刻化させる。

インドの貧困は、男女間格差はもちろんのこと、都市部・農村部の格差の他、州、宗教、そしてカーストなどの社会階層の間の格差と密接な関わりがある［黒崎卓・山崎幸治2011「経済成長と貧困問題」（石上悦朗・佐藤隆広編著『現代インド・南アジア経済論』ミネルヴァ書房）］。

例えば、黒崎と山崎の研究では、以下の事項が統計的にも有意であることが示されている。

- 都市と農村では、貧困者比率が農村部において都市部よりも高いが、都市部のほうが極端な貧困者が多い。
- 州間格差が大きく、かつ近年それが拡大する傾向がある。

・**指定カースト**（Scheduled Castes 以下、**SC**〔※1〕）や**指定部族**（Scheduled Tribes 以下、**ST**〔※2〕）など社会的に差別を受けてきた階層およびイスラム教徒の貧困が深刻である。
・所得貧困の観点からは、SC家計の消費水準はSC／ST／OBC（その他の後進階級）以外の家計の消費水準の60％、ST家計のそれは64％にしか達しない。
・SC、ST、OBCに属する人々は、それら以外の人々に比べて有意に識字率が低い。

インドにおける貧困州としては、「BIMARU」が有名だ。この呼称は1980年代にインドの著名な人口統計・経済アナリストが提唱したもので、列記された州の最初の文字から形成された頭字語で、ヒンディー語の「病気」を意味するbīmārに似ていることから社会病理のイメージとともに広まった。貧困州として挙げられたのは、ビハール州（Bihar）のBI、マディヤ・プラデシュ州（Madhya Pradesh）のMA、ラージャスタン州（Rajasthan）のR、ウッタル・プラデシュ州（Uttar Pradesh）のUである。近年は、これにオディシャ州（Odisha）のOを足して、「BIMAROU」とも言われる。

農村の貧困といえば、インド経済の躍進が国際的に注目された１９９０年代、インド南部諸州を中心に、借金苦による農民の自殺が相次いだ。インドの環境活動家ヴァンダナ・シヴァは、１９９７年以来の農民の自殺はジェノサイド（大量殺戮）である旨の声明を発表し、マドラス開発研究所のＫ・ナガラジは政府統計を包括的に分析して１９９７〜２００５年の間に15万人の農民が自殺していることを明らかにした。不平等や貧困、農村問題を積極的に取り上げてきたジャーナリストのＰ・サイナートは、このナガラジ報告を援用して、この間32分に１人の綿花農家が自殺していること、２００２年以降のデータも含めると30分に１人の綿花農家が自殺している事実を世に突きつけた。

農家は現金収入を得るために、栽培作物の生産性を向上させようと、遺伝子組み換え種子や化学肥料を買うために借金する。収穫が上がれば借金も返済でき現金も手に入るが、滞れば、借金返済のために土地や子どもを売るしかない。土地が売れたとしても土地面積が小さいため、売ったところで返せず、子どもや孫の世代まで借金が残っていく。

インドの農家の80％は２ヘクタール以下の土地を所有する零細農家だ。小規模な土地保有面積、低い単収、農業資材の価格上昇、低い生産性、天水農業による高いリスクと不確実性等のため、インドの農民は低水準均衡の罠（あるいは「貧困の罠」）にはまっている。負債を抱えた農民の自殺も、この罠と密接に関係している。この罠から抜け出るために自分の命を借金の返済に使う。農村の貧しい農民は、借金が返せず、担保にした土地を手放さなければならない事態になった時、政府から自殺した農民の遺族に支払われる補償金をあてにして自殺を決行すると言われる。農家の抱える負債が農民を死に追い込むのだ。

インドの貧困の問題は経済成長の陰にある不平等の拡大と格差の問題であり、農村、土地、社会階層、宗教といった要素が複合的に作用していることがおわかりいただけただろう。インド全体としては経済成長していて、穀物生産量も増えているが、貧困削減や農民の幸福の観点からは、まだまだ問題を抱えている。そしてそれは、都市と農村、州、社会階層、宗教の間のそれぞれの格差に起因し、ＰＢＰコットンプロジェクトが関わるオディシャ州やテランガーナ州の綿花栽培に携わるＳＣやＳＴは、所得貧困と人間開発的な観点の双方からみても、最も脆弱な人々であり、取り残されるべきではない人々なのである。

インド人口の70％は農村に居住し、労働力の60％は農業関連産業に従事している。

農業生産はインド国民の6割を占める農民の消費に直結しており、経済全体に大きな影響を及ぼす。ということは、農民の生活に関わることができれば、負の連鎖を断ち切ることになり、うまくいけば正の循環をもたらすことができるかもしれない。インドで綿花を育てる農家の生産者から製品を手に取る日本の消費者まで、コットンに関わる人みんながしあわせになる循環を作ってそのループを回し続けることができたとしたら、貧困の罠を断ち切ることができるのではないだろうか。

※1　**指定カースト（SC）**

インド憲法第341条に基づき、大統領令によって州もしくはその一部ごとに指定された諸カースト、もしくはその一部の総称。指定の基準が被〈不可触差別〉であることから便宜的にカースト制度における〈不可触民〉諸カーストを指す語として日常的に用いられている［辛島昇ほか監修、2012（1992）年、『新版 南アジアを知る事典』平凡社：345］。インドにおける人口比率は16・6％（2011年センサス）。「指定カースト」は行政用語であり、社会の実態としての「不可触民」とは範疇（はんちゅう）が異なるが、差別の対象でカースト制度の最下位に位置づけられるという実態に鑑みて、「指定カースト」は元「不可触民」を中心とする層から構成されているということはできる。

※2　指定部族（ST）

インド憲法第３４２条に基づき、大統領令によって州もしくはその一部ごとに指定された、いわゆる〈部族〉諸コミュニティの総称。指定の基準としては、言語や宗教など文化的独自性、社会経済的後進性、山岳地など隔絶度の高い地域での居住、の3点が挙げられているが、そのいずれも客観的・絶対的となり得るものではない―（略）―憲法においては〈指定カースト〉と対をなして〈後進諸階級〉を構成する概念であり、行政上の位置づけも多くの点で共通している［前掲『新版 南アジアを知る事典』：３４７］。インドにおける人口比率は８・６％（２０１１年センサス）。以前から住んでいる人々（先住民）を意味するサンスクリット語で「アーディヴァーシー（ādivāsī）」と称されることもある。

第5章 — 創業は易く守成は難し

靴を履いていない子どもに靴を与えるのでなく
靴というものがあるんだよ、と教えること
靴を履こう、裸足でいよう、を自分で決められること
自分で決めた人生を自分で生きられるしあわせ

役割分担の開始

日本に戻った僕は、2011年1月発刊のカタログにインド訪問レポートを掲載するための記事を書き、商品を購入して基金提供していただいたお客さまに、現地で支援がはじまったこと、そして2010年度はこれだけの支援をすることができた、という報告ができました。

この頃になると、なんだかやらなければならないことが増えてきて、だんだん仕事が回らなくなってきました。ただでさえ海外出張に行くとその間どうしても止まってしまう仕事もあり、特に年末年始などが絡むと戻ってからしばらくはバタバタとします。仕事の内容としても、これまで経験のなかった海外とのコミュニケーションが頻発するようになり、いよいよ自身の能力の限界を感じはじめていました。そもそも英語もできず、国際協力の知識もない中、社内に答えを知っている部署や先輩がいるわけでもないため、一つひとつのやりとりや意思決定にどうしても時間がかかってしまいます。

これは〝新規事業あるある〟なのですが、新しいことをはじめる時は往々にしてこのように現業務をやりながら何かをはじめるケースが多いと思います。そして何かをはじめると必ず新しい仕事が発生します。ひとりではじめたことも、だんだんやらねばならない仕事が増え、未経験の仕事が増え、通常業務をこなすことも難しくなってきます。書類作成、メールへの返信、調査、検討など目まぐるしく日々が過ぎていきました。

そんな中、児島永作と同じ部署で商品の調達業務を担ってくれていた徳重正恵が「葛西さん、そのプロジェクト、私にも手伝わせてください」と言ってきてくれました。聞けば、彼女は学生時代にアメリカへの留学経験があり、英語が堪能で、PBPの活動に非常に興味を持ってくれていたようです。自分が関わる調達業務だけでなく、その生地や製品が生まれてくる背景にもしっかりと関与したい、と言います。これまでのやりとりや内容を共有すると、僕では何時間もかかるようなことをあっという間にこなしてくれました。

以降、少しずつインドとのコミュニケーションを彼女が担ってくれることになり、コミュニケーションの頻度や深度が格段に高まっていきました。チェトナや榎木氏もホッとしてくれていたようでした。何より自分がするよりもずっと高いクオリティで仕事を進めることができるようになり、以降現在に至るまで、退社して立場が変わっても心強いパートナーとしてPBPコットンプロジェクトを支えてくれることになります。

コミュニケーション面は徳重、調達面は児島、と社内で役割分担をすることができた僕は、企画や事業推進面に軸足を置き直して、東京でクリエイターやメディア、他のブランドとのコラボレーションを進めながら、日本の産地をめぐって素材や製品開発をする、そんな日々を送っていました。実はこの時、インド側のプロジェクト推進はこの2人に委ねていこう、とも思っていました。2人とも現地に強い思い入れを持ってプロジェクトを進めようとしてくれていましたし、何よりインドの水が肌に合うようでした。

そんな中訪れた、いつもの1日になるはずだった3月11日の14時46分、ちょうど品川駅で新幹線に乗り神戸に戻ろうとしていた時に、東北を中心とする東日本をあの地震が襲いました。

G.N.P.（がんばろうニッポン！プロジェクト）

日本中がパニック状態でした。アクセスが集中して電話がつながらず、メールも受信できず、頼みの綱はTwitterだけ。何時間も動くことができず、携帯電話のバッテリーの残りを気にしながらずっとタイムラインで状況を把握し、本当にとんでもないことが起きたのだ、ということを実感しました。東京駅と品川駅の間を走行していた新幹線だけが大阪方面に向けて走り出し、たまたま品川駅にいたことが幸いして、その新幹線に乗って大阪に戻ることができました。新幹線の中で、これからどんなことが起きるのか、自分にできることは何なのか、まとまらないままの頭で自問し続けました。

会社に戻ると、まずはお客さまや取引先の安全確認や、何か困ったことがあった時にご連絡いただくための窓口の設置、そして緊急支援物資の手配など緊急事態体制が組まれていました。

当座の対応準備の次は、事業活動を通じた支援活動のフェーズへと段階が移っていきました。義援基金の設置を開始し、全国のお客さまから被災地に寄せられる気持ちをつなげていく取り組みも開始されました。フェリシモは、阪神大震災を経験しており、その時全国のお客さまから寄せられたあたたかい気持ちの力が、DNAに刻まれています。社内では、次に私たちにできることはなんだろう、という気運が高まっていました。児島は復興支援ボランティアに参加し、東北支援のプロジェクトを立ち上げました。

僕は、まずLOVE & PEACEとしてさまざまなアーティストに呼びかけた震災復興基金付きTシャツの開発を進めました。集まった基金の拠出先を震災復興支援団体へ切り替えたりしながら、もう少し構造的にこの事象を見つめていました。

まず、この状態が続くと、東日本地域はしばらくの間は生産活動をすることが難しそうだ、と考えました。当面の間は、東日本以外の地域で日本の国内総生産を支えなければな

らないだろう。奇しくもＰＢＰコットンプロジェクトを通じて日本中の産地をめぐってい
た僕は、日本全体の生産背景の海外移転についても深く知るようになっていました。２０
１１年当時、生産（第二次産業）の海外移転が加速度的に進み、原産国が中国や第三国に
どんどん移転していました。これによっていろいろな製品の低価格化が進んでいました。
つまり、日本で販売されている製品価格を「日本の国内売上」とした時に、仕入れ価格は
事実上海外に流れており、日本国内に残るお金はどんどん減っていく状況にあった、とい
うことです。

ただでさえこの構造が進んでいた中での事態。東日本地域の生産消費活動は一旦止まら
ざるを得ない。生産の空洞化が進んでいた日本全体にも深刻な状況が起きてしまう。これ
を解決するためには、販売する製品の国内生産の比率を高め、日本国民が一丸となってこ
の難局に向かっていく必要があるのではないか、と考えました。

Ｇ．Ｎ．Ｐ．（がんばろうニッポン！プロジェクト）の誕生でした。

カタログ上で表示する原産国名を、それまでは日本製の場合は表示せず、中国など海外
製の場合には表示していました。それを改め、日本製には日本製と表示することで、これ
を買うことで日本国内にお金が回りやすくなるということを明示化しました。あわせて、
これまで知り合った日本の産地の方たちと連絡を取って、今こそ、インド綿を使った日本

製の製品を広げていこう、と「メイド・イン・ジャパン」のモノ作りを強化していきました。

カタログの表紙に「がんばろうニッポン！」と記載して、お客さまにも呼びかけました。先行きがどうなるかわからないから、できる限りのことをできるだけ早く、と思って日々を過ごしていました。

社外とのつながり、社会とのつながり

2011年5月10日、「コットンの日」にオーガニックコットンに関係する活動をしているさまざまな人や団体が集まるシンポジウム「コットンCSR（※1）サミット」があり、僕は豊島の溝口氏と一緒に登壇することになりました。

アバンティ（※2）の渡邊智惠子社長、**大正紡績**（※3）の近藤健一氏、**興和**（※4）の稲垣貢哉氏、**池内タオル**（※5）の池内計司氏など、日本のオーガニックコットン黎明期を作ってこられた大先輩たちの話を聞きながら、自分よりもはるかに苦労して日本にオーガニックコットンの種をまいてこられた方々の偉業を知りました。

プレオーガニックコットンを展開してきたKURKKU（※6）の江良慶介氏の話を聞いて、同い年でこんなことをやっている人がいたんだ、と刺激を受けました。デニムブランド・Lee Japanの細川秀和氏がそういった面々をつなぎながら幅広い世代を巻き込んで業界を前に進めようとしていたのがとても頼もしく映りました。

この集まりは、その後、津波の被害を受けた東北の畑で綿花を栽培して復興を支援するという、「東北コットンプロジェクト」へとつながっていきました。アーバンリサーチの新山浩児氏やユナイテッドアローズの沼田真親氏など、さまざまなアパレル業界の経験豊富な諸先輩方と出会い、多くを学びました。

さらに、全農の小里司氏が東北の農家の人たちを巻き込んでプロジェクトを進めていく様を間近で見て大きな刺激を受けました。震災という難局に際し、会社やブランドの垣根を超えて、ともに復興に向かっていくという得難い体験ができました。

自分のやりたいことはまさにこういうことじゃないか、と思いました。一社で展開するだけではなく、志を同じくするさまざまな人たちが集まって何かを進めていく、それぞれが自分の会社やブランドでは責任を持って実績を作りながらも、そういうメンバーで集まって未来のための活動をしていく。ＰＢＰコットンプロジェクトもこういうプロジェクトになれたらいいな、とおぼろげながら考えていました。

アバンティの渡邊社長は、このあとわざわざ神戸までお越しになり、被災地の仮設住宅に暮らすお母さんたちに何か仕事を作ってほしい、とご相談をいただき、お母さんたちが手仕事で作ってくれた製品を販売する「東北のお母さんプロジェクト」も開始しました。児島はこのあと東北に居を移し、震災からの復興に人生をかけていきました。

震災を契機にはじまったこれらのつながりやプロジェクトによる経験は、今でも形を変えながら続いており、僕にとってとても大きな財産となっています。

また、この未曾有（みぞう）の大震災という経験から、日本や社会の課題解決のためにできることや社外とのつながり方を再認識することになり、自分のやっていくべき仕事についても深く考えさせられることとなりました。

特に、津波の被害を受けてすべてが流されてしまった東北の被災地で見た光景は今でも忘れられず脳裏に残っています。人生は一度しかなく、時間は無限ではなく有限。今すべきことに全力で向き合わないと、明日は決して保証されているものではなく、当たり前のようにくるわけではない。そういう強い気持ちとともに、その後の自分のサラリーマン人生にも大きな変化を与えることになりました。

どういうことかというと、異動することを決めたのです。

※1　CSR

Corporate Social Responsibility＝企業の社会的責任、の頭文字。企業が利益至上主義に傾倒せず、倫理的観点から事業活動を通じて、自発的に社会に貢献する責任のこと。

※2　アバンティ

株式会社アバンティ。１９８５年設立。オーガニックコットン事業を通して、地球環境保全や東日本大震災の復興支援、インドの生産者に対する職業訓練支援や教育支援など、幅広い分野での社会貢献を行っている。

https://avantijapan.co.jp/

※3　大正紡績

大正紡績株式会社。１９１８年創業の繊維素材メーカー。特徴のある商品を提供し続けており「夢を紡ぐ」を合言葉に、オーガニックコットンで地球を守る、人にやさしい、地球に優しい会社を目指すことを標榜している。

https://www.taishoboseki.co.jp/

※4　興和

興和株式会社。１９３９年創業の総合商社。繊維、医薬品、光学関連の商品などを製造、販売。日本ではじめてオーガニックコットンの国際認証を取得したブランド「テネリータ」を展開。

https://www.kowa.co.jp/

※5　池内タオル

２０１４年に社名を IKEUCHI ORGANIC 株式会社に変更。生産する全製品がエコテックススタンダード１００のクラス1をクリアし、赤ちゃんが口に含んでも安全という世界でも稀有なテキスタイルメーカー。
https://www.ikeuchi.org/

※6 KURKKU
株式会社 KURKKU。２００５年、「快適で環境に良い未来に向けた暮らし」をコンセプトに、サステナブルな消費や暮らしのあり方を提案していくブランドとして創業。オーガニックコットンを普及する「プレオーガニックコットンプログラム」に取り組んでいる。
http://www.kurkku.jp/

インターネットの急展開と1つの節目

この頃、インターネットをとりまく市場環境はどんどん変わりはじめていました。

震災時に知り合いに連絡を取りたくてもメールアドレスを知らないから連絡が取れない、という状況から、キャリアに依存しないコミュニケーションアプリ「ＬＩＮＥ」が生まれたことは有名な話ですが、iPhone の登場以降、一気にスマートフォンという高容量情報受発信端末を国民の大多数が持つようになりました。ＳＮＳが急速に発達し、この時期からいわゆるＧＡＦＡ（Google・Apple・Facebook・Amazon の頭文字）が世界を席巻しはじめます。常にインターネットとつながった状態で手元にあるスマートフォンを使って情報を受発信できるようになり、情報通信革命が起きました。

それまでは、情報というのはなんらかのメディアを通じてやりとりをするものでした。音楽はＣＤというメディアを買って聴くものだし、情報は本や雑誌、新聞という紙メディアを通じて得るものでした。この、情報通信革命によって、時間と空間のギャップが瞬時に埋まるようになったのです。家にいながらにして音楽が聴けるようになり、情報が手に入るようになりました。

ミュージックショップでＣＤが売れなくなり、書店やコンビニで本が売れなくなり、雑誌は物理的な付録をつけないと売れなくなりました。「メディアとしての店舗」を介さないＥコマースもどんどん拡大し、インターネットでのモノの販売も加速度的に進みました。生活者は自由に情報を取捨選択し、また、自由に情報を発信し、個人が自分をメディアにする。まさに「超店舗」時代の到来となったのです。

すごいスピードで変化していく時代の渦の中、僕は少し自分の立ち位置を見失いはじめていました。事業が大きくなるにつれて、創業期から守成期に入り、攻めるべきもの、守るべきものがどんどん大きくなっていきました。

事業環境はまさに激変していて、昨日までの勝ちパターンが明日は負けパターンになる。インドの状況、日本の状況、会社の状況、いろいろな状況の変化にだんだんついていけなくなってきていました。簡単にいうと、自分のキャパシティや器を超えてしまったのだと思います。

入社してすぐに9・11という大きな事件があり、みんなに支えられて大きなプロジェクトに育ててもらい、その流れでさらに大きな事業を任せてもらいました。たくさんの先輩や大人に支えられて事業が軌道に乗り、遠く離れたインドでたくさんの農家の窮状をなんとかしたいと思い、新しく出会った方々に支えられてなんとか事業が形になりました。天狗になったところで一度鼻を折られ、鼻を折られたところに今度は自分の住む日本という国で未曾有の震災に見舞われました。

これまで、ただただ前を向いて走り続けていたのですが、少しブレーキがかかってしまったのです。若かった自分も、いつのまにか34歳になっていました。

矢崎和彦社長にも相談し、2012年の春のカタログをもって僕の他、佃奈緒子、山川真記代の創刊メンバーがhaco.から抜け、新しいチーム体制に未来を委ねることが決まりました。自分はひとりで部署を設立して新規事業を開発する、という内示を受け取りました。

このことが正しかったのかどうかは今でもわかりません。逃げだったのかもしれません。ただ、自分を見つめ直し、環境を変えたい、またゼロから何かをはじめたい、と思っていたのだと思います。それほどに、3・11の震災は自分にとって大きな衝撃であり、また、2001年の9・11からはじまったサラリーマン第1期としての自分にピリオドを打つ出来事だったのです。

その時、インドの神様は止まるなと言った

2011年11月、翌年の春号のカタログで自分の母体とも言えるhaco.を離れることが決まった僕は、PBPコットンプロジェクトのこれからに関しても思い悩んでいました。

初年度300万円の実行予算でスタートしたプロジェクトでしたが、2011年度の支援額は初年度の倍額の600万円になっていました。チェトナ・オーガニックから届く事業提案は、地域も、内容も、どんどん拡げていこうという内容でした。目的が悪循環を善循環にしていくためのプロジェクトですから、年々支援が拡大していくのは当然のことなのですが、拡大するにつれて、新たな問題や課題が見えてきます。

児童労働を禁止して、子どもたちを学校に行かせるようにしたら、今度は学校の先生が足りなくなった。障害のある生徒は学校に通う手段がない。また、学校に行きたくても川に橋が架かっていないので通えないから、橋を架けたいと言われたりもしました。次から次へと、まさに課題が山積みです。

このように、ひとつの課題の先には、まるで数珠つなぎで負の課題が連なっています。特にインドでは、課題はさらに複雑に絡み合い、ジェンダーの問題、カーストの問題、土地の問題、お金の問題……。次々と課題が浮上してきました。そのため、どこまで何を支援するべきかで、チェトナや榎木美樹氏とよく議論になりました。

例えば、「学校に先生が足りないので、先生を雇いたい」という相談に関して。このプロジェクトは綿農家を支援するためのものであって、先生を雇う、というのは、本来はオリッサ州政府がやるものだという認識になります。もちろん、困っているというのもわかりますし、支援したいという気持ちはありますが、それによって綿花農家のオーガニック栽培への転換の予算を減らすわけにはいきません。まさに、限られた予算をどう適正に配分していくか、という判断が常に求められるのです。

もちろん、支援の枠内で課題が解決できるような仕組みを作れるものに関しては、積極的に取り入れていきました。例えば、子どもたちが学校に復学できるようになって、給食の予算が足りなくなったので、校庭にキッチンガーデンを作り、自分たちで食べる野菜を畑で育てるようにして、あわせて両親の職業である農業について学んでもらう、などがそうです。

ただ、次から次へと湧き上がってくる課題の連鎖に対して、自分がhaco.を抜けるというのに、どこまで、いつまで、この連鎖を受け止め続けられるのだろうか、という、先行きが見えない不安を覚えはじめていました。

そんな中、5度目の訪印が行われました。昨年まで同行していた児島永作は、東北支援に集中するため、PBPコットンプロジェクトのメンバーからは外れていました。豊島の溝口量久氏とともにオリッサを訪れ、2年目の支援が実施された村々を見て回りました。

どんどん拡大している支援地、どんどん増えていく対象農民。具体的に見せられる、橋を架けたい場所や、足に障害があって学校に通えない子どもの姿。頭で描いた理想的な循環が回りはじめたことによって新たに顕在化しつつあった課題の中身をまざまざと見せつけられました。それら一つひとつに、まるで現地のスタッフの上司のように状況把握や判断を求められます。養鶏場を作るのは支援の範囲内なのか、ソーラーパネルはどうなのか、綿花を栽培していない農家はプロジェクトに参加できないのか……。

さらに、説明を受けて納得してその場を流そうとした時に、榎木氏から「葛西さん、あの人の言っていることは、こういう観点から見ておかしいですよ」と注意を受けたり、村人と対話をしたあと、「あの場に男性しかいないのは、女性が虐げられている可能性があるので、なぜ女性がいないのか、あの場で聞かないとダメですよ」と、助言を受けたりしました。

写真ばかり撮っていることを榎木氏に咎められたこともあります。

「あなたは、写真を撮りに来たのですか？　村人と対話して、課題を認識して、プロジェクトの長として判断していかないといけません。現地の人たちが何を考え、何を思い、どうしようとしているかについて、意識が向いていない。国際協力の現場のことをもっと知らないと。どうしても写真を撮る必要があるならカメラマンを同行させるべきです」

確かにそうです。おっしゃるとおりです。でも、果たして国際協力の現場のことをもっと知って判断できるようになれるのか、なりたいのか、なるべきなのか。榎木氏をはじめ、JICAの方々は国際協力の専門家です。世界中にはもっともっとたくさんの課題があって、それらの解決に向けて、まさに人生をかけて取り組んでいる人たちです。ただ、僕はあくまでも民間企業に所属する一サラリーマンで、ビジネスとして社会問題を解決したいと思っているだけで、国際協力の専門家になりたいと思っているわけではありませんでした。覚悟が足りないのはその通りかもしれませんが、自分にそれができるのか……。

その自信はありませんでした。

来年以降、しっかりと基金を集め続けられる保証もない、オリッサの現地でリーダーシップを持ってプロジェクトを引っ張っていく自信もない。いよいよ自分の能力の限界にぶつかり、自分以外の誰かがやってくれたらいいのに、と思いはじめていました。

ちょうどその日は日中の視察を終えて、次の村まで車で5時間かけて移動することになっていました。その車中で、榎木氏にそんな気持ちを打ち明けました。

「プロジェクトにとって、自分の能力不足が課題となって、能力が身につくまで停滞してしまうのであれば、それが一番良くない。そもそもそういう能力が身につくのかもわからない。プロジェクトを回していく仕組みはひと通り作れたので、今の段階でプロジェクトごと誰かに譲渡するほうがいいのではないか。基金もあと3年分は残っている。もし、他の人がやりたいと手を挙げたら、プロジェクトをその人に渡したい」

僕が突然そんなことを言いだしたので、榎木氏は黙ってしまいました。

すると、急に車の挙動がおかしくなり、ドライバーがサイドブレーキをかけて車を停めました。何があったのかとドライバーに尋ねると、フットブレーキが壊れたというのです。まだ目的地まで中間地点ぐらいで、着くまでにはあと2時間半は運転してもらわないといけません。すでに日は暮れていました。修理工場もどこにあるのかわかりません。とはいえ、そこで停まっているわけにもいきません。ドライバーは、なんとかサイドブレーキとエンジンブレーキだけで、残りの道のりを運転しはじめました。

僕は、インドには神様がいると思っています。自分がなぜかインドに関わっているのも、インドの神様に呼ばれてのことだと思っています。

不思議なのですが、どう考えても、自分の力や意思を超えている瞬間に立ち会うことがあります。そういう時、言葉ではない何かの力で自分に神様がどうしたらいいのかを伝えてくれているように思います。

プロジェクトをやめようと思った瞬間、車のブレーキが壊れた。これはPBPコットンプロジェクトを「止めるな、続けろ」というインドの神様からの啓示だと思いました。

ブレーキの壊れた車でインドの道を走りながら、これからも基金を拠出し続けるためにはどうしたらいいのか。自分の足りない能力を補うにはどうしたらいいのかを考えました。

矢﨑勝彦会長は、常々言っていました。

「組織というのは閉じ込める構造やからあかん。これをA型構造と言うんや。A型というのは安定して見えて、ピラミッド的に可能性を閉じ込めてしまうんや。W型に開く構造に変わっていかなあかん。AからW、WAの構造で物事を捉えなあかん。ひとつの物事を成し遂げたと自分が思った時、すでにそのことはA型になっている。そうなったら次のWに開くように可能性を広げなあかん」

そうか！　僕は自分がプロジェクトを閉じ込めようとしていたことに気づきました。haco.で基金を調達し、「自分」が現地でリーダーシップを取っていくという限界に到達していたのです。そもそも、このプロジェクトはhaco.だけでずっとやっていくことではないのだから、所属をオープン化し、社内の他のブランドにも声をかけていけばさらに強くなるのではないか。そして自分だけでずっとやっていくことでもないのだから、徳重をはじめ、もっと自分にない能力を持っている人にメンバーになってもらえれば、能力の限界も超えることができる。閉じ込めていたのは自分だった、ということに気が付いたのです。

２０１１年10月現在で基金総額は２３７７万円に到達しており、資金的には年間６００万円の支援を継続したとして、少なくとも3年分の活動原資があることになっていました。3年は猶予があるのだから、その間に新たな構造を作っていけばいいのだ、と。

「やっぱり自分の能力はこれからも足りないと思う。足りないっていうことを認めるから、榎木さんの専門知識や思いを、これからも貸してよ」

榎木氏には、そう伝えました。ＪＩＣＡ関係者として、いつかプロジェクトは自立しなくてはいけない、という思いで僕に厳しいことを言ってくれていたと思うのですが、少し驚いていた様子でした。

指揮命令系統のない共働態

このように、プロジェクトをオープン化する発想で広げていくことにしました。そして、社会的にもそのような位置付けとして捉えられるようになっていきました。

２０１１年度のグッドデザイン賞を受賞したのです。製品のデザインではなく、社会貢献活動のデザインでの受賞でした。モノのカタチのことをデザインというだけでなく、そういった構造の設計までもがデザインとして認められはじめたのです。矢﨑和彦社長の提唱していた時代の訪れを感じ、世の中に少しずつソーシャルな風が吹きはじめていました。

そんな中、２０１２年3月、haco.を離れ、新しい事業開発を行う「新規事業室室長」という肩書の辞令を受け取った僕は、組織を離れて一人部署を作ってもらい、新規事業の立ち上げ準備に入りました。その他の関与していたプロジェクトからはすべて離れましたが、ＰＢＰコットンプロジェクトへの関与は認められました。

これまでは、自分の部署内だけでＰＢＰコットンプロジェクトを進めていたので、ある意味、部署内のピラミッド構造の中だけでこのプロジェクトを進めていました。しかし、これからはhaco.に関する事業計画には関与できません。

フェリシモには「しあわせ文化創造委員会」という制度があり、取締役の監督のもと、「部活」として部署を横断して有志が集まり商品開発や事業開発を行っても良いという仕組みがありました。よく知られているものに「猫部」があり、部署を超えて猫の好きな社員が集まり、猫に関係する商品開発をしたり、猫の殺処分の問題に立ち向かったりしています。

僕はこの「部活」に目をつけました。ＰＢＰコットンプロジェクトをオープン化して、部活の仕組みを活用して社内で継続していくことにしたのです。取締役に就任していた星正に監督してもらう形で、「綿部（コットンぶ）」が結成されました。今まであまり交流のなかった他部署の人たちに参加を募り、まさに部活としてインドの状況やプロジェクトの内容をシェアし、各部員が仕事に戻った時に、それぞれの所属の上長に相談して商品開発を進行することになりました。

それまではhaco.だけでの展開だったので若年層向けのファッションアイテムがメイ

ンでしたが、ミセス層向けのファッションアイテムや生活雑貨や下着など、ＰＢＰ商品の幅が拡大していきました。商品を販売する場所として、新規事業室の予算で部数とページ数は少ないながらも年２回のカタログを発刊することもできました。部門を超えてＰＢＰコットンプロジェクトでつながった、はじめての単独カタログでした。

部活として活動をしていく中で、組織で実施するのとはまた違う可能性を見出していくことができました。メンバーが主体的に参画してくれているので、部署として活動するよりもライトにいろいろなアイディアが出たり、メンバー個々の興味の範囲から、これまで思ってもみなかった課題解決につながったりすることもありました。

例えば、広報活動や社外活動のようなことも積極的に行われるようになりました。メディアから取材を受けたり、イベント登壇のお誘いを受けたり、といった動きも出はじめたのです。また、人手が足りないときに、部員が新しい部員を誘ってきて人が増えていく、という事象も起きました。英語が得意な部員は現地とのコミュニケーションを担い、イベントの運営が得意な部員はイベントの開催を主体的に進行する、など、ゆるやかにビジョンでつながった状態で、部署とはまた違う所属意識を持ちながら、みんなが仕事の空き時間や休みの日などにボランタリーにプロジェクトを進めていってくれるようになりました。とにかくその時は、自分は一人部署でメンバーも部下もいない、という状態だったので、同じ会社の人たちが部署を超えて集まってくれる状況は非常にありがたく、意義深いものになりました。

上下関係のない部活のような関係になると、事業色が薄まり、指揮命令系統もなくなります。僕は上司ではなく、ファシリテーターのようなもので、メンバーの意見を聞きながら、空気をつかむようにプロジェクトを進めていく必要が出てきました。

矢﨑会長には、会社は「共同体」ではなく、「共働態」でなくてはいけないとよく言われていました。同じ体を共にすると、いつかその体の中だけで物事を考え、その体の中だけでの部分最適で物事を考えるようになる。大事なのは、共に働いている「状態」のほうなんだ、と。あわせて、「組織で人は動かない。ただ、組織がないと人は動かない」と禅問答のようなことも言っていました。

物事は必ず「態」からはじまる。まずこの「態」に反応して人が集まる。そして、その「態」を続けていくために、「体」ができる。

最初は「態」を知っている人間だけで「体」を作るから組織は強い力になる。ただ、「態」は目に見えないけど「体」は目に見えるから、いつしか、見える「体」の維持のためにいろいろなルールができ、主体性が少しずつ失われ、最終的に「態」がなくなって「体」だけが残る。この構造をわかって組織を作らないと、いつしか組織の維持が目的になってしまうんだ、と。

組織というのは確かに強いです。所属意識や仲間意識によって阿吽（あうん）の呼吸で行動することができるようになります。給料をもらって働いているわけですから、おおよそは組織や上司の指揮命令に従って物事が動きます。

反面、役割分担の弊害で、垣根を超える活動がしづらくなったり、組織の長の承認が必要なので、知らずしらずのうちに役割を超える活動をしなくなっていきます。上場などしていれば、あらゆる仕事に規程やルールが定められるので、なおさらそういう構造化に追いやられていきます。大きな組織で働いている人であれば、少なからず実体験があるのではないでしょうか。

それに対して、「共働態」はとても不安定なものです。そもそも「体」が存在しませんから、「志」だけで集う集団です。役割も評価も目的もすべてその時そのときで変わっていくし、優先順位やコミットメントも個々人の状況によって左右されます。何の強制も命令もできませんが、そのかわり新しいアイディアや可能性も生まれやすく、また、メンバーの主体性が高いので自分ごととして活動をしていくことができます。

大きな組織の良い点と悪い点、志で集まることの良い点と悪い点をわかったうえで組織を運営することができれば、本当に強い組織「力」を発揮できるのだと思います。

残念ながら、現在でもまだ、自分の関わるさまざまな組織で、これが答えだ、という具体的な成果は出せたことはありません。もしかしたら、決して完成しない組織が本当の組織なのかもしれません。いずれにせよ、何か物事を成し遂げていくために、ひとりではできる範囲でしかできない、ということは事実だと思います。

子どもに絵を描いてもらう

2012年12月、6度目のインド出張では、聞くだけ、見るだけの視察ではなく、部活から出てきたアイディアをもとに、より踏み込んだ活動が導入されました。

フェリシモには「500色の色えんぴつ」という看板商品があります。その色えんぴつをインドに持っていって、子どもに絵を描いてもらったらどうだろう、というのです。自分にはなかった発想でしたが、正式な美術教育など受けていない子どもたちに、感性のおもむくままに絵を描いてもらったら、どんな絵になるのだろう、という興味がありました。ただ白紙に描いてもらうよりも、もう少し具体的に、Tシャツのデザインを考える、というテーマにして、Tシャツのシルエットが印刷された紙を持っていき、それに現地で子どもたちに描いてもらうというワークショップにしました。

実際にワークショップがはじまってみると、子どもたちは時間を忘れてたくさんの絵を描いてくれました。これまでは集会場に集められて、なんだかわからないけど遠い国から来たというおじさんたちの話を聞いて、質問に答える、という対話の場が多かったのですが、今回は自分たちが主役です。言葉は通じないけど、絵だと何が描いてあるかがわかります。子どもたちの主体性、感性、好奇心というのは世界共通ですごいんだなあ、ということをあらためて知ることになりました。色の組み合わせ、モチーフの選定など、オリッサの子どもたちならではという感じで、数時間があっという間に過ぎていきました。

子どもたちが描いてくれた絵を日本に持って帰り、部活のメンバーに見せると、皆すごく興奮して盛り上がってくれました。ああ、やはりこのリアル感が重要なんだな、子どもたちが聞く側から作る側に回った瞬間に時間を忘れてお絵かきに没頭したように、組織においても自分が何かをするだけでは駄目で、メンバーにもっともっと主体的に関与してもらえるように考えないといけないのだなあ、と深く思いました。

2013年に新規事業室として「CONTINEW LABO（コンティニュー・ラボ）」という事業を開始しました。

「CONTINEW」は、「CONTINUE（続く）」の最後をNEW（新しい）に変えた新しい言

（上）熱心にお絵描きをするオリッサの子どもたち
（下）たくさんの絵と実際に商品化されたＴシャツ
（左）子どもたちの絵をコラージュしてできたＴシャツの柄

日本から届いたＴシャツを着て記念撮影。喜んでもらえた様子に、こちらもうれしい気持ちになりました

葉で、「ただ続くだけでなく、新しく変わりながら続けていく」という意味です。「Sustainable Development」を言い換えた言葉とも言えます。LABOは「どんな未来を創ろうか?」と自分から未来につながる自発的な問いかけを持つ人々が集まった研究所のこと。これまでの経験や、部活のメンバーの主体的な参画経験などから、そういう人たちが集まれる場所を作れたらいいな、という気持ちで設立しました。ちょうどこの頃は、クラウドファンディングが世の中に出はじめて、個々のアイディアを商品化して通信販売で提供するということが広まりつつあった時期でした。何かひとつの課題を出し、それを生活者の皆さんと話し合いながら、解決できるものを商品化して販売しようという場がこのCONTINEW LABOです。

このラボで、インドの子どもたちの描いてくれた絵をモチーフにしたTシャツを作りました。お父さんやお母さんたちの作ってくれた綿花でできたTシャツの上に、子どもたちの描いた絵がデザインされて、遠く離れた日本で売られている。オリッサの人たちにしてみると、とても不思議に映ったことだと思います。

出来上がったTシャツをオリッサに送って、親子お揃いで着たところを動画に撮って送ってもらいました。照れくさそうにしている姿が印象的で、サイト上でその動画を公開してお客さまにも伝えました。インターネットの広がりで、そういった時空を超えるつながりができはじめていることを実感することになりました。

このプロジェクトは「エシカル」なのか

ＰＢＰコットンプロジェクトは、２０１１年度のグッドデザイン賞に続き、２０１３年には新設のソーシャルプロダクツ・アワードを受賞しました。グッドデザイン賞の受賞以降、社外から「プロジェクトについて話してほしい」と、講演などを依頼される機会が増えつつありました。ＪＩＣＡ主催のイベントに登壇したり、世界銀行に依頼されて英語で資料を作成して海外に向けて事例を紹介したり、大学や高校で授業をしたり、ファッションショーの衣装協力を要請されたり、なんだか急に社外から求められるようになりました。

そんな中、各方面から「あなたのやっていることは、エシカルですね」と言われる機会が増えました。

「エシカル」とは、「倫理的」という意味であり、企業活動の裏にある労働問題、低賃金による搾取、環境破壊などを行わないような「道徳的」な活動という意味です。２０１０年頃から提唱されはじめ、ファッション業界においてもエシカルファッションが注目を集めるようになってきていました。「エシカル消費」という言葉も出てきました。

それ以前は、こういった活動は「社会貢献活動」、その後は「CSR活動」と言われていたように思います。民間企業が金儲けばかり追求していて地球環境や労働環境のことを考えないから、「社会的責任」を果たせ、と言われるような風潮がありました。

フェリシモでは、CSRを「Corporate Social Responsibility＝企業の社会的責任」と訳すのではなく、「Corporate with Customer（企業と顧客が一緒になって）」、「Sustainable Society（永続的に発展する社会のために）」、「Responsiveness and Responsibility（責任ある応答能力を高め続ける）」と定義して活動してきていました。

いつのまにか、「エシカル商品」「エシカル消費」という言葉が生まれ、そういう価値観で商品を購入する人たちが表層化し、メディアで表現されはじめたことをとても嬉しく思いました。サプライチェーンで一番強いのは、お金を払う人であり、対消費者ビジネス（B to C）においては、消費行動をする人が一番強いのです。その一番強い購入者側が、意識的に環境負荷や倫理的な生産を考えて購入するようになるのは、本当に素晴らしいことだと思います。

反面、「あなたはエシカルですね」と言われることには違和感を覚えていました。これまではそもそも活動に名前がなく、社会貢献とかCSRとか言われてきたことが、「エシカル」という名前がつけられると、とたんにそういうカテゴリに入れられてしまう。カテゴリとは区分けであり、「エシカル」と「非エシカル」とに分けて物事を認識するようになる。私たちはエシカルだけど、あの人たちはエシカルじゃないよね、というようなコミュニティが形成されはじめます。

まさに、インドで学んできた、「支援するということは支援されない人を生むということ」と重なって感じたのです。「エシカル」と「オーガニック」は相性が良かったようで、「エシカル展示会」のようなものが各所で開催されるようになり、そういった場所では、「私たちの活動のほうが、他と比べてここがエシカル」といったように、他との差異をアピールすることになり、極端な例では、あちらのオーガニックコットンよりも、うちのオーガニックコットンのほうがいいですよ、のようなおかしなプレゼンテーションも行われるようになりました。

そんなシーンを見かけると、綿花も農家もそんなことには関係なく、毎日大地と向き合っているのになあ、と思います。

そういった展示会に出展したり、交流や人脈を広げたりもしていましたが、やはり続きませんでした。出展することにも、広告としてメディアに掲載してもらうことにも、お金がかかります。もちろん、ビジネスですからお金がかかるのは当然なのですが、どうしてもそこで請求される数十万円がもったいなく感じ、そのお金があるならインドのために使うべき、と思ってしまったのです。

前述したように、僕は、「良いこと」をしている意識はありませんし、このプロジェクトが「良いこと」と思ってやっているわけでもありません。「良い悪い」ではなく、「そうあってほしいから」続けています。目の前の課題に順番に向かい合っていたら、結果的に自分がやってきたことが、当時の「エシカル」、現在の「ＳＤＧｓ」につながる形になっていったように思います。

もっと多くの人に知ってもらいたい、でも一時的な流行にしてはいけないという、相反するような気持ちとずっと向き合っています。

サブプロジェクトの開始。スクール・コットンプロジェクト

２０１２年のインドの子どものお絵かきワークショップを経て、ＰＢＰ部メンバーたちと、本当の意味で子どもの支援をするということについて話し合いました。

インド訪問時、現地で子どもたちと会って対話をするのですが、「遠く離れた国からお

金を持ってきてくれたおじさん」のような扱いをされてしまうことに、ずっと違和感を持っていました。そもそも、お金は一人ひとりの日本のお客さまからお預かりしているものだし、僕が偉いわけでもなんでもないのですが、みんなの前で挨拶をして、質問をしたり話を聞いたりしていると、どうしても一対多のやりとりになってしまい、朝礼で校長先生が話しているような図式になってしまいます。どうしたらいいだろう、とメンバーに問いかける中で、子どもたちとの間に共通の目標を持ったほうがいいのではないか、という話になりました。

今の日本の子どもたちが大人になった時に、ちゃんとインドの農家の課題のことを知っていて、自分が服を選ぶ選択基準に、そのことが入っているのが理想だよね。インドの子どもたちにとっても、自分たちの作った綿花が、ただ市場で販売されるだけでなく、世界でどういうふうに使われていくのかを知っておいたほうがいいよね。そのためには、大人が何かを教えるということも大事だけれど、まずはインドと日本の子どもたち同士が友だちになることが一番なんじゃないか、と話題は展開していきました。

自分の着る洋服が、遠く離れた自分の友だちが作ってくれた綿花からできている、自分の作った綿花が、遠く離れた国の友だちが着ている洋服になっている。そんなつながりを世界中に作ることができた時、本当の意味でプロジェクトが成立した、と言えるのではないか、と。

ちょうどその頃、綿部メンバーたちの社外との連携の中で、ＪＩＣＡ関西傘下の国際協力推進員の皆さんとの交流が生まれました。彼らのイベントへの参加を通じて、学校の先生たちがプロジェクトに興味を持ってくれているという情報が入ってきました。

「日本の学校とＰＢＰが組んで、インドの子どもたちとの連携プログラムができたら、それはすごくいいよね。アサガオを栽培するように綿花を栽培してもらったらいいんじゃない？」

早速そのアイディアを学校の先生たちに話すと、それはいい！　ぜひやりたい！　と口々に言ってくれました。

「スクール・コットンプロジェクト」はこうしてはじまりました。豊島の中村洋太郎氏に相談して、綿花の種を手に入れ、それを先生たちに渡して、それぞれの学校で綿花を栽培してもらいました。アサガオの栽培日記をつけるように綿花の栽培日記を子どもたちにつけてもらい、そのことをインドの子どもたちにも伝え、同じように綿花の栽培日記をつけてもらうことにしました。

インド訪問時に、その日記を現地の子どもたちに渡し、現地の子どもたちの描いた日記を日本に持ち帰って渡す。そういう交流を続けていくことができれば、少しずつ子どもたちにとっても理想の未来に近づいていくのではないか、と考えました。

高校の英語の先生は、校庭で綿花を栽培しながら、英語の授業として綿花のサプライチェーンについて教えてくれました。高校生といえば旗、という勝手な印象から、出来上がった綿を使った旗を作って、インドと日本で旗の交換をすることになりました。

前年に実施したお絵かきワークショップで子どもたちが描いてくれた絵に、チェトナ・オーガニックのスタッフもすごく感心をしてくれて、農業の専門家としては未知の領域であるにもかかわらず、とても積極的に現地の学校との調整をしてくれました。

2013年度末、7度目のインド訪問は、スクール・コットンプロジェクトを仕切ってくれていた徳重、種を供給してくれた豊島の中村氏も参加してくれることになりました。日本を出発する前、ふと気づいたのが、綿花の栽培日記が日本語で書かれていること。ああ、これでは現地の子どもたちは読むことができない、と急遽英訳も用意してもらい、事前に現地語に訳してもらいました。また、どんな顔をしている友だちなのか、をわかってもらうために、自分の顔のお面を子どもたちに作ってもらい、日記とあわせて渡すことにしました。

日記とお面と旗をスーツケースに入れてオリッサへと向かいます。

学校での交換イベントは素晴らしい盛り上がりを見せ、たくさんの子どもたちが、日本の子どもたちからの日記とお面を受け取り、はじめて見る文字や色づかいや絵の描き方に大興奮してくれました。事前の綿密な学校とのコミュニケーションによって、人数もぴったり一致して、少なくともその子どもたち同士は遠く離れた日本という国に、自分と同じくらいの歳の子どもがいて、自分と同じように勉強したり絵を描いたりしているということを感じ取ってくれたことでしょう。

この頃になると、Facebookが広く普及しはじめていて、写真を投稿すると、リアルタイムで日本で学校の先生が見てくれるようになり、コミュニケーションにおいてもインターネットが時空を超えるお手伝いをしてくれるようになりました。

いくつかの学校を回って順番にイベントをこなしていく中、榎木氏が気になることを言いました。

「子どもが学校に通うようになると、徐々にオリッサの伝統は失われるようになるでしょうね。それはそれで仕方のないことかもしれませんが」

どういうことかと聞くと、例えば言葉に関しても、現地の言葉しか知らなかった子どもたちが、インドの公用語であるヒンディー語、そして英語などを学びだすと、どうしてもそちらのほうがかっこよく思えてしまう、と。

また、オリッサ地方には伝統的なオリッサダンスという舞踊があるのですが、村の中で伝統的に伝えられてきたダンスではなく、映画『ムトゥ 踊るマハラジャ』（１９９５年）に代表される、インド映画に出てくるようなダンスに接してしまうと、どうしてもそっちのほうがかっこよく思えてしまいます。

日本でも古くからの村祭りで踊られていた盆踊りなどが継承されなくなっていったように、知らずしらずのうちに、都会的で洗練されたように見えるものに伝統が取って代わられてしまうのだと言います。「それも、まあ仕方のないことなのかもしれませんね」と榎木氏は言いました。

２０１２年末、フェリシモでは、矢﨑和彦社長の発案で、新入社員を中心とした社内イベントが開催されました。それはMusic・Art・Danceの頭文字をとって「ＭＡＤ」と呼ばれていました。

僕はそのことを思い出し、オリッサの伝統的な音楽やダンスや絵を使ったインド版ＭＡＤをすればいいのでは、とチェトナに提案しました。アルン代表もこのアイディアに賛同してくれて、せっかくだからAgriculture（農業）を足して、ＭＡＡＤにしよう！　と乗り気になりました。

以降、スクール・コットンプロジェクトは現地では「ＭＡＡＤ」と呼ばれ、日本の学校と交流しながら、オリッサの伝統文化を継承するイベントとして位置付けられるようになりました。村人は子どもたちにダンスや音楽などを教え、子どもたちはその発表の場として年に1回の僕たちの訪問のために練習し、楽しみにしてくれるようになっています。

これらの活動を引っ張っていってくれたのは、日本の先生たち、徳重、チェトナの女性スタッフたち、そして村の女性たちです。女性ならではの発想とアイディアが随所に盛り込まれ、ここでもまたひとつの「共働態」が出来上がっていきました。

徐々に、少しずつ、村におけるジェンダーの課題解決につながる集団がこの時あたりからできはじめていったように思います。

帰国後、学校でこのことを報告すると、日本の子どもたちも熱狂的に喜んでくれました。先生たちの横のつながりのネットワークも強く、翌2014年度のインド訪問までに、スクール・コットンプロジェクトに参加してくれる学校はどんどん増えていきました。綿部のメンバーと学校の先生たちとの交流も広がっていき、僕の知らないところでもどんどん「スクール・コットンネットワーク」が広がっていきました。

日本の子どもたちがつけていた綿花の栽培日記がオリッサの子どもたちに届けられました

日本の「友だち」から届いたお面をつけて記念撮影。この様子は日本の子どもにたちにも伝えました

少女たちによるオリッサ・ダンスも、今では「MAAD」としてしっかり定着しました

ステッチ・バイ・ステッチプロジェクト

２０１４年8月時点で、ＰＢＰのオーガニックコットンアイテムは27万点以上販売され、基金総額は７６００万円に達していました。支援地域もどんどん拡大し、有機農法に転換した農家は７５８8世帯、学校に復学した子どもたちは１５７９名、奨学金を得て高等教育へ進学した子どもたちは３６４名になっていました。

これだけの規模になってくると、現地で起きる課題もどんどん複雑になっていました。特に顕著になってきたのが、女性の自立支援、いわゆるジェンダー問題です。

インドの農村と言っても、実質は明治から大正、昭和初期あたりの日本の農村ととても似ていると思います。「かあさんの歌」という童謡の歌詞にあるように、農村の女性というのは本当に働きもので、早くから結婚してたくさんの子どもを産み、育てながら、朝から晩まで働いています。

綿農家の女性たちは、綿花の農閑期には、別の作物を育てたり、養鶏場を作ったり、溜池を作って魚を育てたり、土木工事をしたりと本当に身を粉にして働くのですが、どうしても現地のマーケットでの販売だと販売価格も低く、あまり現金収入にはつながりません。

何かいいアイディアはないか、と考えていました。

ここまで何度もインドに出張していて、日本の女性に一番喜ばれたお土産が、手刺繍のストールでした。デリー近郊の地場産品を扱うお土産もの屋さんではよく売られていて、ものをしっかり見定めれば、カシミアに全面手刺繍のストールでも数千円で買うことができます。それこそ、日本で買ったら数万円しそうなものでしたが、売っているのが作っている本人たちで、きっと現地と日本の貨幣価値の差によって安く売られているのだと思います。微妙なデザインのものが多いのですが、探すと、おっ！　というようなものもあり、日本に買って帰ると奪い合いになることもありました。この時は、帰りの旅程に余裕があったこともあり、徳重もデリーで買い物をしたいというので、お土産を探していました。

たくさん積まれたストールの中からいい感じのものを物色していた時、ピン！　ときました。現地の彼女たちが手刺繍を身につけてくれたら、重労働をしなくても、家で空いた時間に仕事ができるし、ファッション業界からオーダーを取れるようになるかもしれない。これまでファッション業界の課題に向き合ってきましたが、ファッションには、高額であっても、クオリティが買いたいと思う人と一致すれば喜んで買ってもらえるという一面があります。綿花を栽培している彼女たちが、畑にいない時は、そういう仕事ができるようになる、ということにはとても夢がありました。

ちょうどその頃、ラフォーレ原宿で、モノ作りのあり方を見直すコンセプトショップ「co&tion（コエンション）」の運営を手掛けていました。アートにおける絵画と版画とポスターの関係性のように、一点物の作家の作品を販売しながら、あわせて作家の監修のもと、大阪や淡路島の内職のお母さんたちに量産を依頼したものを販売するという方式です。

一点物を制作する作家たちは、精魂を込めて1個の作品を作りますが、1個しかないのでどうしても高価なものになってしまい、たくさんの人に届けることができません。作家監修で内職のお母さんたちに量産をお願いすることができれば、作品は作品として高価なまま、もう少し安価にその作家公認のものを手に入れることができる。さらに、その先に工場での大量生産までつないでいければ、作家にロイヤリティを支払うこともできる。ファストファッションの流行によって、デザインがすごいスピードでコピーされていく状況の中、ゼロからイチを生み出す作家の支援として、そんなプロジェクトを実施していました。

刺繍アーティストの二宮佐和子氏には、co&tionに作家として参加してもらっていました。二宮氏の刺繍はすごく情熱的な作風で、人の手の生み出す力を無限に広げてくれるような予感に溢れていました。お店自体は残念ながら短期間で閉店することになったのですが、その閉店のお知らせをしている時に、何かを感じて思わず「二宮さん、インドで刺繍を教えてみない？」と言ってしまったのです。彼女も即答で「行きます」と答えてくれました。刺繍の大好きな徳重に連絡して、二宮氏との打ち合わせを進めてもらいました。2人は刺繍好き同士で意気投合しながら、どうやってインドの女性に刺繍を教えようか、モチーフはどうしようか、などと楽しそうにプロジェクトの骨子を固めていってくれました。このサブプロジェクトは、「ステッチ・バイ・ステッチ」と名付けられました。

自分にできないことは自分より能力の高い人に助けてもらう。新たに生まれる課題は傘の下に閉じ込めるのではなくて、サブプロジェクトとして独立させ、解決を図っていく。そして何より、「共働態」を社内外問わず呼びかけて作っていき、共同体にならないように状態のキープを心がける。今につながるＰＢＰコットンプロジェクトのあり方が少しずつ固まっていきました。

第6章 ― 神様はさらに困難を与える

苦しくなったとき、目を閉じて
インドの神様は
いったい自分に何をさせたいのかな
と考えます

自分がここにいるということは
絶対に神様が何かさせようと思っているのだから

haco.がhaco!になって戻ってきた

２０１５年３月、haco.が新規事業として生まれ変わるというミッションとともに、僕のもとに戻ってきました。世界はまさに情報通信革命のまっただ中。新規事業というのは、カタログビジネスではなく、完全Ｅコマースオンリーとしての再出発でした。

「・」を「！」に変えて、これまで続けてきた事業活動の結果、「種から芽が出た」というコンセプトチェンジを行い、インターネットの世界に居場所を変えてもう一度一から歴史を作りはじめることになりました。古巣に戻ったというよりも、古巣を壊して一から作り直す、という大掛かりな仕事です。強く熱い思いを持ってカタログを作ってくれていた取引先やメンバーにとって、カタログをやめてウェブに引っ越すというのは、不安と不満と不信の渦巻く大変な出来事でもありました。

２０１２年３月にhaco.を抜けてからの３年間、CONTINEW LABOやco&tionを通じていろいろな業界の人たちと接する中で、ＩＴ業界の人たちのスピード感、ビジョンに邁進するパワフルさ、新しい技術を駆使して今までなかったものを作り上げていく創造力に完全に惚れ込んでいました。まさに、「未知」を「道」にするという価値観です。

「haco!」へのリニューアルは、単にカタログをウェブ化するのではなく、インターネットに引っ越して、お客さまに対してまったく新しい価値を創出していくことがミッションでした。ファッション業界全体も、まだまだできたものを売る場所としてＥコマースを捉えていて、考え方を根本的に変えていく必要がありました。未来を見据えて、これまでの取引先のシステムベンダーではなく、新しく出会ったＩＴ業界の仲間たちと一緒にサイトを作っていくことにしました。既存の業界の枠組みをＩＴが一気に変えていく、そんな実感が確かにありました。

僕が離れていた3年の間にhaco.のメンバーも大きく様変わりしていました。その時のhaco.をリードしていたのは、芦田晃人という、社会課題の解決とビジネスをつなぐことを人生の目的としてフェリシモに入社してきたような若者でした。彼はＰＢＰコットンプロジェクトに強く興味と共感を持ち、自分はこういうことがやってみたかったんです、と言ってくれました。haco.のリニューアルに関しても、ＰＢＰに関しても、彼がしばらくの間支えてくれることになります。

9月28日、わずか6ヵ月という異常な短期間の開発を経て、新しいhaco!のサイトがローンチしました。ゴールデンウイークもお盆もシルバーウイークも何もなかったような日々でしたが、これまで購入してくださったお客さまにインターネットに引っ越したことを連絡すると、たくさんの方が引き続き会員登録をしてくれて、新しいhaco!でもお買い物をしてくれるようになりました。

またまた今後に頭を悩ませる

とはいえ、カタログビジネスとEコマースのビジネスとでは、やはり規模感やボリューム、そもそもビジネスの構造がまったく違いました。カタログの場合は印刷部数によっておおよその生産数や販売数が読めていたのですが、Eコマースの場合は何もしなければサイトに商品を公開しても注文はゼロなので、サイトへの集客を通じて順番に受注を積み上げていくという事業構造でした。PBPコットンプロジェクトのアイテムもなかなか売りづらくなり、いや、厳密には生産ロットに満たず、アイテム点数を作りにくくなりました。

また、新規事業として既存事業とまったく違うところに自分の所属が置かれてしまうと、これまでのように部活を運営するのもなかなか難しくなってきました。部活の成果を発表する場、つまり商品開発したものを掲載するカタログがないので、どうしても新商品が展開しづらくなったのです。

商品の販売がないと、基金も集まりません。これまでは別部署とはいえ既存カタログ事業の枠組みの中にいたので、カタログを発刊することができましたが、事業部が完全に分かれてしまい、別事業部に自分が籍を置くことになると、出来上がった商品を掲載する場所の確保に苦労するようになりました。また、部活の活動時間だけだったら良いのですが、ものを作るということは在庫も生まれるわけで、仕入れに関する決裁や在庫に関する責任など、想定していなかった課題も出てくるようになりました。部活のメンバーはそれぞれみんな頑張って活動してくれていましたが、広報やサブプロジェクトへの関与といった商品開発とは違う部分での活動が多くなってきていました。

このままだとまた基金難に悩まされることは明白でした。芦田とも、一緒にhaco!に取り組みながら、「葛西さん、PBPはこのままだとまずいですね。なんとかブレイクスルーしないと」とよく話すようになりました。

「共働態」の運営は、リーダーの立場が常に公共的なポジションにないと、ある特定の立場を持ったままの運営はとても難しいこともわかってきました。1つの部署、1つの会社など、組織で運営するなら組織の長になればある意味簡単に意思決定ができますが、共働態は組織ではないので、所属を超える情熱を持ちながら、それぞれの所属組織に意思決定をゆだねることが一番の難関です。このことは、社内ももちろんですし、関与するすべての団体において一様に難しい課題でした。豊島、ＪＩＣＡ、チェトナ・オーガニックといったプロジェクト発足時からの関わりの深い団体であっても、それぞれ違った目的意識と評価基準によって既存事業は設計されており、担当者が変わればその意思を継いでいくことに非常に苦労します。

大事なのはそれぞれ自分が所属する組織の立場を理解したうえで、プロジェクトにも主体的に関与していただける人の存在と、人が入れ替わっても組織と組織がその構造を維持していけることです。しかし、担当者個人の思いが組織の思いにも反映するということは非常に難しいことで、プロジェクトが大きくなっていくにつれて、さまざまなところで起きる課題に対して、なんとか自分が蕎麦のつなぎのようになって、それぞれがバラバラにならないようにつなぎとめていく必要がありました。

ただ、それでは遅かれ早かれ限界がきてしまう。自分が今やっていることを誰かに渡していかないと、新しい課題に取り組むことはできない。人材も必要だし、思いも必要だし、経験も必要だし、いずれにしても、活動の原資となる基金はもっともっと必要です。どうしたら安定的に基金を集めることができて、運営も回すことができるようになるのだろうか。僕は、最初の一歩として、実質的な事業運営を芦田と徳重正恵に委ねていくことにしました。

年末が近づいてきて、インド訪問に向けて内容や日程を調整しはじめた頃、榎木美樹氏から衝撃的なメールが届きました。

「葛西さん、私も来年2月でいよいよ離任です。日本に戻って、名古屋の大学の先生になることになりました」

常川健志氏、山田浩司氏に続いて、いよいよ榎木氏までがプロジェクトを離れてしまう……。プロジェクト発足時、彼女と二人三脚でやってきた現地とのコミュニケーションは徳重が受け持ってくれていたし、プロジェクトのリーダーシップは芦田に委ねていくことにしていたので、当座の課題はクリアしてはいました。榎木氏もその点においては安心してくれているようでした。

ただ、プロジェクト初期を知り、何度も何度も哲学的な教えと衝撃を与えてくれた榎木氏までもがいなくなる。あらためて、事業の継続の難しさを思い知ることになりました。これからは、自分が一番現地のことを知っている人間としてプロジェクトに関わっていかなくてはいけない。基金集め、共働態の維持、そしてプロジェクトの運営体制。インドの神様は、課題を乗り越えても、乗り越えても、次々と新しい課題を与えてくださいます。

支援地は順調に拡大を続けており、2015年にはついにプロジェクトへの参加農家数が1万世帯を突破しました。スクール・コットン、ステッチ・バイ・ステッチと新しくサブプロジェクトも生まれ、学校の先生たちをはじめ社外の人たちも巻き込んだ共働態です。ブレーキが壊れるという啓示を受けて、まさに止まらず突っ走っていました。

そんな変わり目の2015年度末でしたが、ここまできたら、現地の視察は芦田と徳重に任せてみようと思い、デリーでのJICAとの打ち合わせ、ヴィシャカパトナムでのチェトナとの打ち合わせを終えたら、僕はオリッサには行かずに日本に戻ることにしました。

この時、榎木氏とは、「それにしても大きくなったよねえ、PBP」とか、「これからまた基金集めが難しくなりそうだ」とか、「サブプロジェクトはこの先どうしていこう」などと話をしました。これまでにはなかった、ゆっくりとした時間だったように思います。

オリッサへ向かったメンバーは、リアルタイムにFacebookに出張レポートを投稿してくれて、はじめてステッチ・バイ・ステッチの刺繍教室が開催された様子も投稿されました。二宮佐和子先生のまわりにたくさんオリッサの女性たちが集まって、みんなで黙々と刺繍をしています。男子禁制のような空間がそこには生まれています。言葉は通じないはずなのに、そこにはどんどんつむがれていく絆のようなものが明らかに見えていました。

そんなわくわくするような光景を画面越しに見ながら、「さあ、そしてこれからどうしていくべきか」と考えながら、ひとり帰路につきました。

真の永続性を求めるならば……

実は、この時点で僕が直面していた壁は、これまでで一番厚いものだったと思います。ストーリーだけをたどると、プロジェクトが発足し、基金を順調に集め、参加農家は1万世帯を超え、たくさんの農家が借金苦から解放され、子どもたちが学校に通えるようになっていたように見えます。

それは事実であり、過去から未来に歴史を積み上げていくと確かにその通りです。反面、プロジェクトは常に未来から逆算して現在を設計していく必要がありました。明るい未来を思い描き、そのために必要な要素を考え、人と出会い、巻き込みながら、今日できることと、明日できることを積み上げていくのです。

現地でのプロジェクト実施に関して噴出する課題に対して適切に対応するには、やはり原資となる基金が必要で、現地でそれを支える人材も必要です。

消費者が製品を購入してくださる基金から成り立っているプロジェクトである以上、製品開発、事業実施に加えて、やはりその製品を良いと思って購入していただける市場環境も広げていく必要があります。

基金を集めること、そのための商品を開発していくこと、開発するための仲間を増やしていくこと、このあたりに構造的な行き詰まりを感じていました。

ここに至るまで、自分以外の関わってくれた人たちが常に異動や離任を繰り返して、それぞれの組織の目的や優先順位もどんどん変わっていました。これは多分これからもずっとそうで、変化に柔軟に対応し、発展し続けることを可能とする体制を考えておかなければいけない。本当の意味で事業の永続性を考えるなら、関係者のみならず、自分でさえ不要な構造と状態を作らなくてはいけないのではないか。だんだんと、そういう境地に達してきていました。

帰国した芦田と徳重からは、現地でのサブプロジェクトの成功の報告とあわせて、既存の事業とともにそれぞれが今後も発展していくためには、もっともっと仲間を増やし、基金を増やしていく必要があることも共有されました。

キラキラ輝いて見える「現在」の先には、部内の一プロジェクト、社内の一プロジェクトのレベルを超え、もっともっと多くの人に参画してもらわないと、明るい未来を思い描けないところまできていたのです。

これまでは、困難を乗り越えた先にあるであろう、明るい未来に向けて突っ走ってきたのですが、気持ち的には、お先まっ暗、というはじめての感情でした。

インドの神様のさらなるお告げ

翌2016年は、これらの事象が表層化した年となりました。まず、プロジェクト開始からの累積の基金総額が1億円を突破したのです。1双の軍手に200円の基金をつけて販売したところからスタートした支援金が、お賽銭のように積み重なって1億円という額に到達したことは、客観的にも強いインパクトになりました。また、プロジェクトへの参加農家数は1万2000世帯となり、まさにストーリーでいうと大成功のように見える実績となりました。

反面、この年は、これまで拡大を続けてきた拠出額に関して、はじめてブレーキを踏むことにもなりました。有機農法への転換には3年間の支援が必要なので、ここまでの支援予算は、残高÷3が最大拠出額でした。支援の拡大ニーズに対して、常に安定対応を続けてこられたのですが、ここへきて支援の拡大に基金が間に合わなくなってきたのです。

これまでも、オファーに対して減額交渉をすることはあったのですが、それはあくまで基金を集めた用途と照らし合わせてなかなか認められない内容だったり、建物の建設など専門領域を大きく逸脱するものに対するブレーキだったりしたのですが、基金残高の不足による減額交渉ははじめてのことでした。

そういう状況でもあったことから、2016年11月は自分で現地に行ってチェトナと話し合うことになりました。2年ぶりの現地、榎木氏のいないはじめてのオリッサ。拡大したスクール・コットンプロジェクトの様子や、2年目を迎えたステッチ・バイ・ステッチプロジェクトの様子を目の当たりにしました。ステッチ・バイ・ステッチプロジェクトでは、昨年の訪問以来、インターネットを使った通信教育のような形で教室が続いており、信じられないぐらい刺繍の技術が向上していました。実際に現地の女性が刺繍した作品をhaco!で販売することも決定し、二宮氏も、現地女性も夢に溢れていました。

さらに、高等教育への奨学金を得て大学に進んだ学生が、なんと会計を勉強して卒業し、チェトナのスタッフに採用された、というニュースも飛び込んできました。実は、榎木氏と教育支援について話していた時に、「日本でもそうですが、一度村を離れた子どもは、村には戻ってきませんよ」と言われたことがありました。教育支援というのは、村から働き手である若者を奪ってしまうことでもあり、それは歴史上世界中どこでも起きてきたことであって、もう止めようのないことなのだ、と。その中で、自分の人生の選択肢として

二宮先生を囲んでの記念撮影。皆さんの楽しそうな笑顔がとても印象的でした。

はじめは「何がはじまるんだろう？」と不安げでしたが、慣れるとみんなで集中して取り組んでくれました

のみ込みが早いオリッサの女性たちの刺繍テクニックはメキメキ上達して、たくさんの商品に使われることに

高等教育への機会を得て、学び、学んだ能力を村の未来のために活かそうとする若者が現れたのです。

明らかに村は自立していこうとしていました。

積み重なった実績。広がる可能性。これまでは、「やりたいこといっぱい、できる能力が足りない」という課題に対していろいろな人に関与してもらい、できる人に助けてもらいながら続けてきました。

これからは「やりたいこといっぱい、お金が足りない」という現実にも向かい合っていかなければいけません。昼間は広がる夢を考え、夕方は現実と未来についてチェトナと議論しました。

これまでと違い、基金額の減少に伴って減額を交渉するわけですから、すごく心の痛い議論となりました。絶対に、農家にもう一度農薬を使わせたり、子どもを学校から戻したりするわけにはいきません。例えば、人件費を負担していた学校の先生を、なんとか州政府からの派遣を要請してもらえないか、とか、MAADの活動を支える人員を縮小してほしいとか、女性の自立支援のためのミシンの購入を制限するとか、まさに身を切るような話し合いでした。

議論を終えたあとは、足りない現実を毎晩考える視察となりました。

このプロジェクトは、お金持ちに頼んでただお金をください、というわけにもいかないプロジェクトです。一人ひとりの生活者に製品を手に取ってもらい、認知してもらい、購入してもらうことで基金が増加します。どうしたら、もっとたくさんの人にプロジェクトを知ってもらえるのか。もっとたくさんの人にオーガニックコットンの製品を作ってもらえるのか。まるでプロジェクトスタート当初のような心境に戻っていました。

現地からヴィシャカパトナムへの帰路。インドでは、乗るはずの電車がこない、取れていたはずの乗車券が取れていない、ということはよくあるのですが、その時もそんな目に遭い、急遽車で7時間かけて移動することになりました。車中、チェトナ代表のアルン氏と、長時間さらに踏み込んだ話をしました。

彼は決して僕たちを責めることなく、これまでの支援への感謝の言葉とともに、市場を日本国内だけに絞るのではなく、ヨーロッパやアメリカのブランドにも目を向けてＰＢＰをプレゼンしていこうと言ってくれました。

広がる未来に対して自分が約束できる基金の現実と、常川氏も山田氏も榎木氏もいないのに、どうやって続けていくんだという現実に対して、いよいよ思考も能力もキャパを超えそうになっていました。

その時、突然すごい音を立てて車が停車し、エンジンから煙が噴き出しました。そう、車のエンジンが壊れたのです。

下車して、みんなで車を押して、ひとまず道路脇に停車させました。前回はブレーキだったのでそのまま走りましたが、今回はエンジンなので走ることができません。飛行機の時間もあるので、そんなにゆっくりもしていられない。急ぎ代車を手配することになり、しばし到着を待つことになりました。インド人たちはこの状況を楽しんでおり、チャイを頼んだり、電話をかけたりしていましたが、わからないなりにボンネットを開けてエンジンルームをのぞき、ああだこうだと話しはじめました。

僕はなぜかこの光景が何かを問いかけているように思えたのです。インドの神様がさらなるお告げをくださったのではないか、と。

エンジンが壊れたということは、何を示しているのか。前回は止まろうとしたらブレーキが壊れて、「止まるな」と言われました。今回はエンジン。エンジンが壊れたら進むことができない。でも進むためには、エンジンを載せ替えるしかない。ハッとしました。「動くための原動力を変えろ」と言われているのか、と。

ＰＢＰコットンプロジェクトの「エンジン」は、すべてがフェリシモで成り立っていました。製品はフェリシモだけで作っていたし、ブランドとコラボレーションしても在庫は全数買い取りでした。プロジェクト運営はすべて社員で賄(まかな)っていたし、社外的にもＣＳＲ活動のように捉えられていました。ただ、もともとこのプロジェクトはアパレルに携わるすべての人が一緒に取り組んでいくべきものです。知らずしらずのうちに、自社内に閉じ込めていたことに気づきました。

　支援対象農家が増加して基金が足りなくなってきたなら、もっとたくさんのアパレルに声をかけられるようにすればいい。仕事が増えすぎて回せなくなってきたのだったら、もっとたくさんの人に声をかけて助けてもらえばいい。もっと多くの人に知ってもらいたいなら、もっとたくさんのメディアに取り上げてもらえばいい。

　開いているエンジンルームを見ながら、今こそ社会に対してオープン化するタイミングなのだ、と気づいたのです。そもそも支援対象農家が増えているということは、プロジェクトにとって望むべき状況でした。オープン化がどういう意味で、どうすればいいのかは、その時はまだわかりませんでしたが、とにかくプロジェクトが動くための原動力を変えろ、というイメージだけが強く残りました。

プロジェクトをオープン化するには

別の車に乗っていた徳重には合流後にその不思議な体験を伝え、どういうことなのかを話しましたが答えは出ませんでした。帰国後、芦田にも共有し、話し合いました。

社会に対してオープン化するということは、あるルールに従えば誰もが参加しやすくなるということなので、当然プロジェクトを他の企業に渡す、ということではない。では、企業ではないからといってＮＰＯ設立、というのもちょっと違う気がする。あくまで現地での活動は現地ＮＧＯであるチェトナがやるのであって、プロジェクトオープン化の目的は、仲間を増やし、基金を集め、メンバーを増やすことにあるはず。なんとなく、印象としてもう少し公共性が必要だ、と。

例えば、グッドデザイン賞というのは、公共の立場にあって厳正に審査をされるイメージがあって、企業がお金を払って応募するのだけれど、Ｇマークが付いていたら消費者からも、取引先からも信用してもらえるイメージがある。ＰＢＰのマークも行くゆくはそういうマークになれたらいいな、と思いました。その流れでふと、そもそもグッドデザイン賞はどういう団体がやっているのかを調べると、「公益財団法人」でした。そこで財団法人について調べていくと、一般財団法人は誰でも設立できて、活動が認められ、条件を満たすと公益財団法人化できる、ということがわかったのです。

もしや、作りたいのはこれじゃないのか？　それまで、僕にとって、財団法人というのは、お金持ちが生前に財産を移転して、死後にも財産を活用してもらう団体、というイメージのものでした。もちろん自分に縁があるはずもなく、とにかく余ったお金を世のため人のために使う団体、という印象だったのです。

ただ、プロジェクトの目的やオープン化の趣旨から照らし合わせて、公共的な場所に法人格として設置し、集まったお金をインドのために使っていく、という構造を作れそうなのが財団法人のように思えました。

財団法人を設立し、コットンを使うアパレル企業に法人会員になってもらい、法人会員であれば誰でも一定のルールのもとＰＢＰコットンプロジェクトの商品を作ることができるようにすれば、アパレル企業や商社のクライアントがプロジェクトに参入しやすくなります。また、各社からやる気のある人員が財団運営に関与してくれるようになれば、一社だけで人員の確保に頭を悩ませることもなくなるかもしれません。

芦田はこういった調べものが得意で、一般財団法人の設立の流れ、設立のためのルール、運営のためのルールをどんどん調べてくれました。設立には３００万円以上の資産と、３

人以上の理事と1人以上の監事が必要で、あわせて理事を評価・選出するための3人以上の評議員が求められることがわかりました。

幸いなことに、これまでプロジェクトにご尽力いただいた人脈によって、理事や評議員に関しては当てがありました。まずはプロジェクトの財団化についてフェリシモに許可を取る必要があります。矢﨑和彦社長や星正取締役をはじめとする経営陣にプレゼンを行い、これまでのプロジェクトの経緯と、ここまではフェリシモだけの力で拡大させてこられたが、このままではあと数年で今抱えている農家を支えられなくなることを伝え、このタイミングで財団化をさせてほしい、と訴えました。設立のための初期資産となる300万円に関しては、haco! 事業部の年度予算から捻出したい、ということも。

フェリシモのすごいところは、この計画を前向きに承認してくれるところです。一般の企業であれば、10年かけて育ててきたプロジェクトをオープン化して他社も使えるようにしたい、という判断はしないと思います。「しあわせ社会学の確立と実践」という経営理念、「ともにしあわせになるしあわせ」いう中核価値があるからこそ、認められたのだと思います。

年が明けた2017年、フェリシモの取締役会に上程し、無事承認を得ることができました。

第7章 一般財団法人PBP COTTON

社会の課題を解決しつつ
自分自身も成長し続けたいし
その解決を仲間と一緒にやっていきたい

そして、どんどん関わる人を増やし
次世代につなげていきたい
そうやって、かかわる人が増えれば増えるほど
自分のまわりはもちろん
地球全体のしあわせにつながっていく

財団の設立

財団の設立が決まり、ボードメンバーの確定に向けて急ピッチで動きはじめました。もちろん、報酬など支払えません。

とにかく、まずは常川健志氏、山田浩司氏、榎木美樹氏への連絡です。豊島の専務になっていた常川氏は、「良かったね！　いいよ！　もう一回頑張ろう！」と即決。JICAブータン事務所長になっていた山田氏は、「物理的な距離の制約や時差などの課題はあるが、本業に影響が出ない範囲であれば副業規定にも触れないだろうから関与できそうだ」という回答。名古屋市立大学の准教授になっていた榎木氏も同様に「業務に支障のない範囲であれば」との返答でした。テキスタイルエキスチェンジでこういった活動に慣れている稲垣貢哉氏にもダメ元でアタックし、「いいよ、やろう」と快諾。そして、フェリシモを退社し、インドの植林を支援する団体「グローカル友好協会」を設立していた、これまで上司としてずっとプロジェクトを応援してくれた星正氏にも就任を打診し、「もちろん協力する」と言ってもらいました。

あとは設立への事務手続きです。芦田晃人、徳重正恵に加え、常に僕の右側でさまざまな事業の立ち上げを支えてくれていた三浦卓也も加わり、はじめての一般財団登記事務が進行していきました。

財団の運営も、見様見真似でスタートしました。設立登記はもちろん、銀行口座の開設、正味財産計算書の作成と管理・更新、請求書の発行、領収書の発行、入出金の管理、理事会の招集、開催、議事録の作成。理事会の場所の設定から書類作成、捺印事務に至るまで、これまで社内で行っていたことはすべて別立てでやることになりました。不慣れでしたが、もちろん数字を間違えるわけにはいきません。錚々たるメンバーに参加していただいているのだから不祥事を起こすわけにもいきません。その点においては、非常に緊張しながらはじめての財団実務をこなしていきました。

財団の設立の目的は、趣旨に賛同してくれる仲間を増やし、ＰＢＰの製品を作ってくれる人を増やし、買ってくれる人を増やすことにありました。まずは、財団に法人会員という制度を作り、製造会員と賛助会員という制度を作りました。製造会員であればＰＢＰの認証を取った製品を製造・販売できます。財団の収益としては、認証された製品に対して「ＰＢＰ認証」という基金付きのタグを販売し、販売される製品にタグを付与できる、ということにしました。タグに記載される基金額はそのままインドに寄付されることとし、印刷費や各種経費を賄うために少額をタグ代としていただきます。

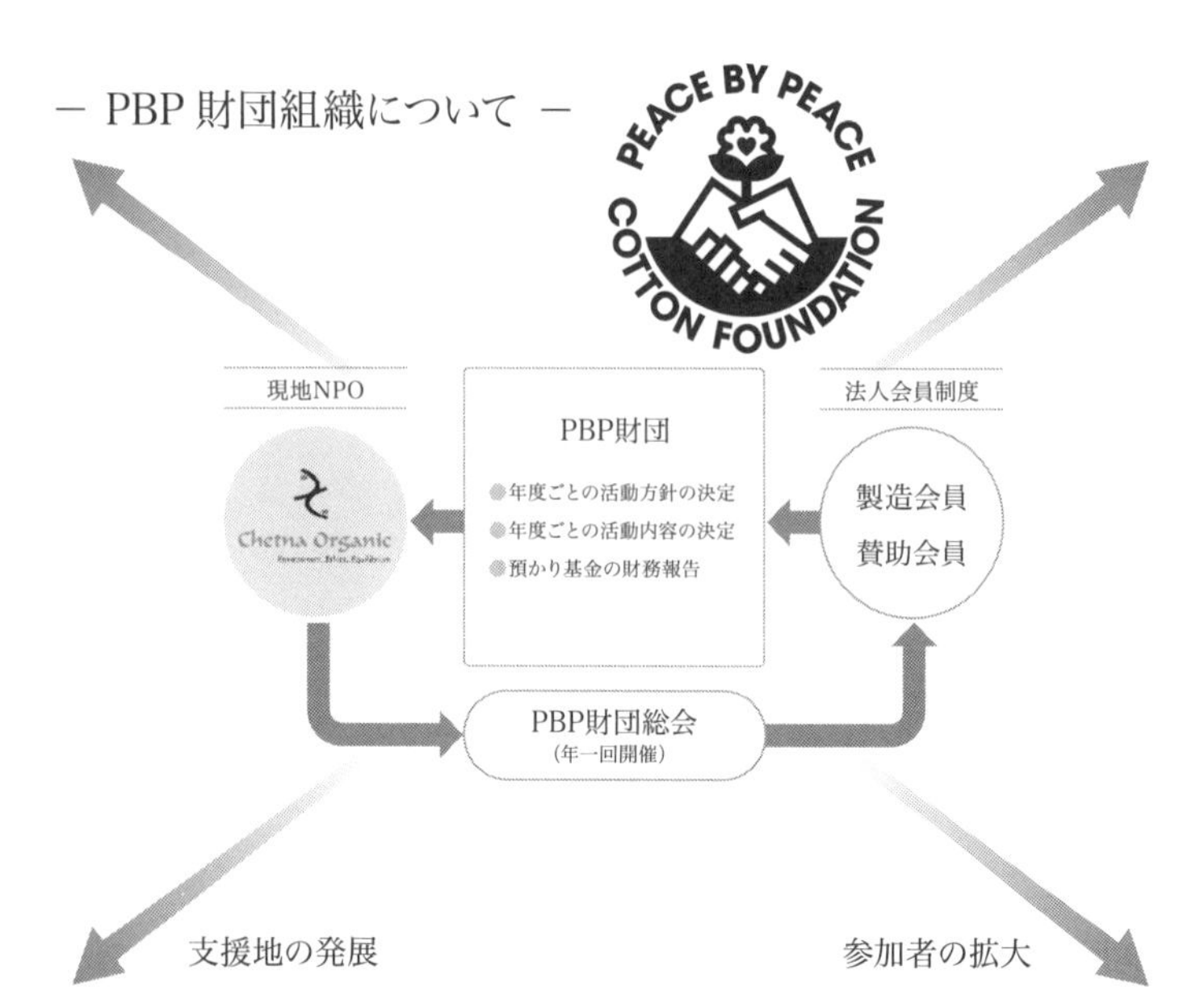

一企業のプロジェクトからオープン化することで生まれたPBP財団の仕組み

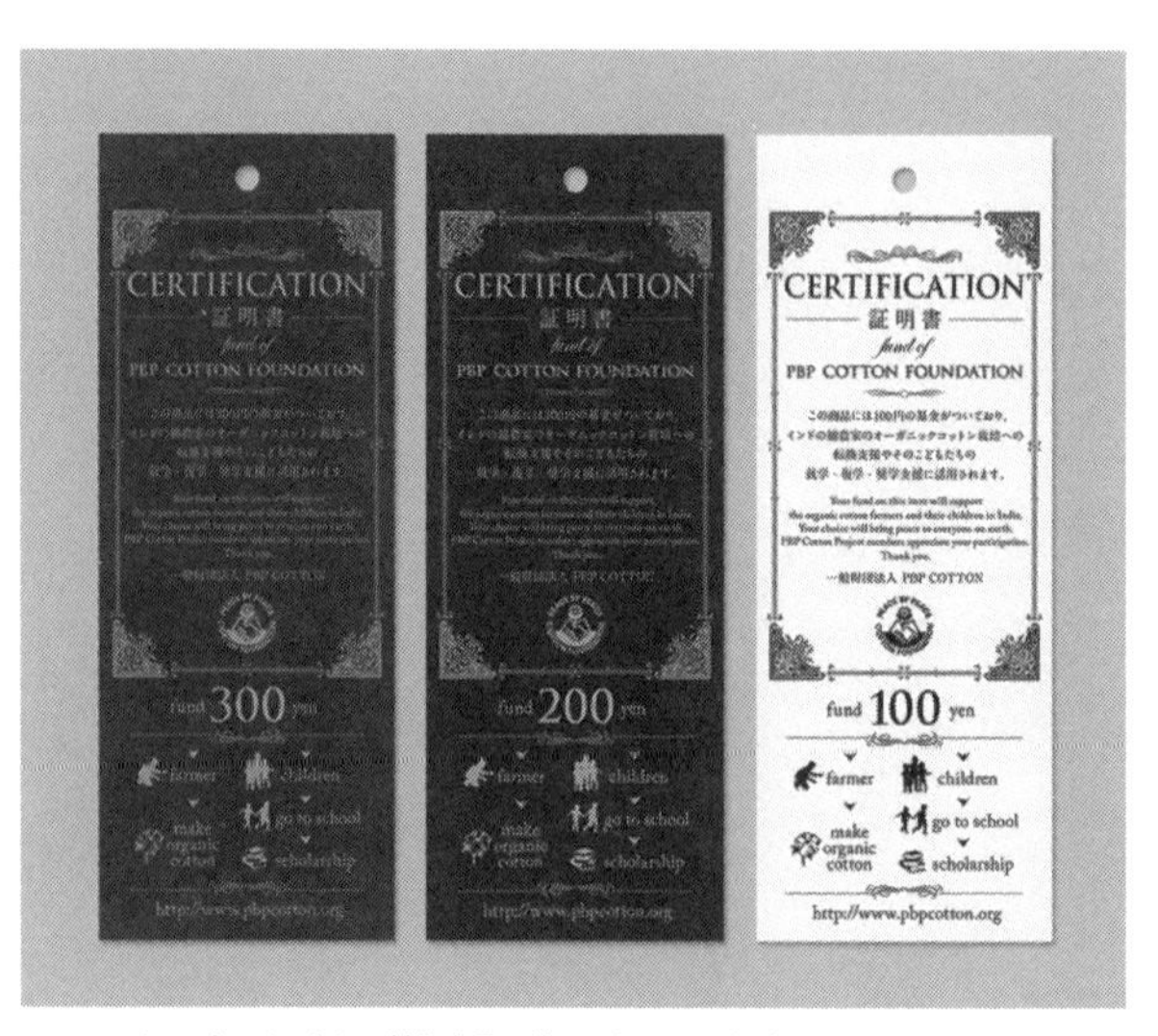

PBPコットンプロジェクトの対象商品に付けられているタグ

この認証事業がまずは主要な事業内容となり、それに加えて、法人会員の入会費、年会費、および会費収入以外に寄せられる一般寄付を主な収益とすることにしました。

財団の考え方としては、基本的に入ってきたお金はすべてインドへの寄付に回したいのですが、会計上は公益事業と収益事業に仕分けされ、上記基金付きのタグを販売する事業は収益事業とみなされ、基金を除いたタグの印刷費とタグの販売額との差分の粗利益は、必要経費を除いて課税対象となるようでした。つまり、その必要経費分でホームページ作成や旅費交通費、郵便代や会計士や司法書士などの経費を賄いながら、公益事業の収入を増やしていくことが取り急ぎのミッションとなります。

10年の活動を経て、ついに財団化しました、といった華々しいものではなく、ここまで書いてきたように、毎年毎年、幾多の困難に直面し、そのたびに脳味噌と心臓を雑巾のように絞られるような思いをしながら、一手一手、積み重ねて来た結果でした。万感の思いというよりは、ここからもう一度はじまるんだな、という思いが強かったように思います。

何よりも嬉しかったのは、これまでずっと悩まされてきた「異動」がありません。これまで関わってきてくれた人たち「個人」にメンバー入りを要請したため、それぞれの組織上の立場が変わったとしても事業をともにしていくことができます。これはとても大きなことでした。

法人会員としてまず豊島が入会してくれました。常川氏は理事に就任すると、自社の利害を超えて、日本の名だたる繊維商社の社長、役員クラスにどんどん声かけをしてくれました。その活躍は国内に留まらず、11月、彼の勢いはついにインドまで広がり、インドに現地法人のある繊維商社にも営業をかけ、訪問してくれました。そのままオリッサを一緒に視察し、10年の時を経てはじめて一緒にオリッサの土地を踏めたことはとても感動的な出来事でした。考えてみたら彼はずっと想像で現地と接してきていて、10年前に自分が作った糸がここまで大きな広がりになっていることに大変喜んでいました。

常川氏のおかげで、興和、ヤギという繊維業界を代表する大企業に法人会員として入会していただくことができました。各社でプレゼンテーションをすると、必ず力強い視線を送ってくれる方がいました。それぞれにインドでなんらかの綿花栽培や紡績や生産に関する活動をしており、その担当をしてきた方々でした。自分たちはこういう取り組みをしてきたが、PBPコットンプロジェクトに参加することでさらにこういうこともできるようになるのか、とか、別で進めてきた取り組みと合体できるのではないか、など、とてもポジティブな反応をいただきました。

まさかライバル企業同士をつなごうとするとは、とも言われましたが、繊維業界は製品でライバル同士であっても、原料はライバル企業から供給を受けていたり、祖業の違いによって各社違いや強みを打ち出しながら、古くから売り買いの関係性があるようでした。プレゼンテーションを聞いてもらうと、繊維業界全体で手をつないで課題解決に取り組んでいこうというこの呼びかけに対して、かなりポジティブな反応をいただきました。むしろ、業界内では牽制しあってなかなかこういう話にはならないので、いわば外から呼びかける形で参加を募るのは良い方法だ、とも言っていただきました。

中でも、興和の山本圭氏とヤギの石塚新紀氏は、それぞれ対話していても別格の印象を受けました。山本氏はこれまで稲垣氏と一緒に「ピースインディア」という活動をしてきており、PBPよりもさらに農地の条件が悪い地域で、有機農法を導入するプロジェクトに苦労して取り組んでいました。現地での苦労、採れた綿を製品にする苦労、それを売る苦労など、さまざまな部分に共感していただき、取り組みに全面的に賛同してくれました。

ヤギはもともと、フェリシモにとって製品の仕入先ではあったのですが、あらためて会社を訪問してプレゼンテーションすると、社長をはじめ経営陣の皆さまにご列席いただき、大変な熱量で聞いていただきました。

これまで、商社との取引は何社ともしてきました。ほとんどは部署間の競争が激しく、横の連携に難があるところが多いという印象がありました。その点ヤギは、経営層、製品部、原料部、ベテラン、若手が一丸となってこのプロジェクトに関わろうとしてくださっていることが、ひしひしと伝わってきました。

石塚氏は、原料・素材畑の職人気質の方で、オーガニックコットンをいかに美しい状態で糸にして生地を作るか、いかに特殊性のある生地を作れるか、というところに情熱を持って取り組んでいる方でした。プレゼンテーションが終わったあとにすぐに個別にお声かけいただき、どうしたらさらにプロジェクトを良くしていけるだろう、と熱く語ってくれて、ＰＢＰコットンプロジェクトをすぐに自分のこととして捉え、さらに後輩や東京本社のメンバーを巻き込み、部署を超えた自分たちの未来のこと、そしてインドの未来のこととして主体的積極的に取り組みはじめてくれました。

僕は2人に理事就任のオファーを出し、ともにすぐ快諾をいただきました。

財団設立初年度は、こういった土台固めでバタバタと過ぎていきました。法人としての財団の体裁を整え、法人会員を募り、入会していただき、各社から思いを持ったメンバーを選出していただきました。

それぞれの思いやビジョンをすり合わせ、全体の目的としていく。2ヵ月に1度の理事会を重ねる中で、徐々に自社の立場から離れ、目的のために自社のリソースをどう使えるだろうか、ということを考えてくれるようになりました。「共働態」というのはこうやって運営していくのかもしれない、と感じはじめていました。立場を超えて目的を共有し、それぞれの立場を活かしながら、ともに目的に近づいていくという実感です。

すべてがうまくできたわけではなく、年度末の決算時には、収益事業で民間企業でいうところの営業利益を出してしまい、納税する事態にも陥りました。全員手弁当で集まっているのに、少額とはいえお金をインドではなくて日本国に納めることになってしまい、僕がその納税額を個人的に財団に入金するという決議案を起こし、否決されたりしました。

また、財団設立からここまで一緒にやってきた芦田晃人が、もっと本質的に国際協力の現場に入りたい、という希望で会社を辞め、ＪＩＣＡが派遣する青年海外協力隊に参加して南太平洋の島国、バヌアツに旅立っていきました。

クライアントの獲得が進まない

財団の運営が2年目を迎えたのですが、せっかく法人会員が増えていっても、ＰＢＰタグを購入してくださるクライアントは相変わらずフェリシモだけという状況が続いていました。基金額が増えていないため、チェトナへの支援額はさらに減額していて、このままでは支援地の拡大にブレーキをかけなくてはならないという状況でした。ここまで大げさなことをしておいて相変わらず基金額が減っていってはお話になりません。

法人会員各社が既存クライアントに営業をかけるように進めていってはくれるのですが、営業部門はクライアントと個別に関係性を築いており、トップダウンでもボトムアップでもなかなか本腰を入れてもらうことは難しい状況でした。

これはまだ各社が財団という構造下で製品を作る流れができていないからかもしれないと思い、２０１８年5月10日のコットンの日に、haco!のウェブサイト上で法人会員各社が一同に会したＰＢＰコットンプロジェクトのアイテムを作り、ＰＢＰ祭りのような企画を実施しました。

各社、haco!での製品開発をきっかけとしてＰＢＰの商品開発の流れを学んでいただき、それを他の外部クライアントに展開していただくことが目的でした。この企画は成功し、haco!から見れば、新しい広がりを見せたのですが、企画自体は全数買い取り保証の枠を超えていませんでした。

財団の視点からすれば、この企画によって各社がＰＢＰ企画の流れをつかみ、他クライアントへの営業につなげてくれることを期待していたのですが、企画が終了するとやはりこれまでどおり、外部クライアントの獲得はなかなか進みませんでした。

各社の営業担当者と直接話してみると、一般のオーガニックコットン製品との違いでもある、買って終わりではなくその先に「循環」していく仕組み、というのは説明が難しく、先方の担当者の一存で決められるものではないと言われる、と言います。支援の先でやっていることが多すぎて、焦点を絞りにくい、とも言われました。商社の卸値から考えると1着あたりに付随させる基金額が高いだとか、インドのオーガニックコットンは**コンタミ**(※1)がクレームになりやすいなど、営業に行って断られたのならともかく、できない理由がたくさん並び、正直言い訳ばかりでした。

せっかく入会してくれている商社に怒りをぶつけても仕方がないのですが、なんとかもう少し自分ごととして営業していってくれないものかと日々考えていました。法人と言ってもやはり個人の集合。会社が入会したからとか、上司に言われたからとかそういうことではなく、自分が担当としてどう思うのか、自分が関わっている仕事で誰かが苦しんでいてもいいのか、そういう視点を求めていましたが、それを共有するのはなかなか難しいことでした。

やはり、日常の仕事の中に組み込まれないと、どうしても「ついで」「できれば」の扱いになってしまいます。基本的には、プロジェクトへの参画によって利益が出ないと、人は動かないんだな、とあらためて感じはじめていました。また、買い手に対する売り手の立場の弱さというか、サプライチェーンの川上から川下に向けて訴えていく構造の弱さが露呈して、なかなか次の一手を打てない状況でした。

反面、この頃になると、「ＳＤＧｓ」という言葉を世の中でたくさん見かけるようになってきました。いろいろな自治体のトップや企業の経営者たちが、胸にＳＤＧｓのカラフルなバッジをつけはじめていました。

社会貢献、エコ、ＣＳＲ、エシカルと移り変わってきた言葉たちは、「サステナブル」という言葉に収斂（しゅうれん）されるようになり、環境のことを考える、持続性を考える、未来のことを考える、というのはだんだん当たり前のことになってきていました。

もう少しで市場が変わっていきそうな予感がありました。「作ったモノを売る」から「必要なモノを作る」へ。サステナブルな商材を欲する市場が形成されていけば、必然的に製品側は合わせてくれるはず。もう少し、ここが頑張りどころだ、と感じていました。

※１　コンタミ

英語で「汚染」を意味するコンタミネーションの略。製造業などで、異物混入、あるいは異物混入があった製品を表す言葉として使われる。この場合、コットンにゴミなどが混入することを指す。

展示会の開催

アパレル業界というのは、基本的に大きく春夏と秋冬という2シーズンごとに仕事が進んでいきます。最近では、各小売が次のシーズンの商品企画をスタートする前に、商社による展示会が開催されます。その展示会に各社のバイヤーを招き、次のシーズンをイメージしてもらい、企画を進めやすくするのです。逆に言うと、このタイミングを逃すと、次のシーズンまでなかなかチャンスはありません。各社のバイヤーさんに具体的に企画案をイメージしてもらえれば、オーダーが商社にくるはず。僕はここに目を付けました。

「オーダーを集めるために、法人会員みんなで春夏向けの展示会を開催しませんか」

もちろん、総論では賛成されました。しかし、各論になると、展示会に呼ぶクライアントには誰が声をかけるのか、クライアントリストや営業ノウハウが他社に流出するのではないか、サンプルの足並みが揃わない、上司の許可が取れなかったなど、またもやできない理由が並びはじめ、共同展示会の開催案は頓挫しました。ああ、来年の春夏もまた駄目なのか、せっかく財団まで作ってオープン化を進めているというのに……。

そんな状況を打破してくれたのが、ヤギのエシカル委員会メンバーで製品部に所属していた樺島智史氏でした。

「葛西さん、これは絶対やりましょう。各社参加が難しければ、まずはヤギ主催で展示会を開催しましょう。プロデュースをお願いします。予算はなんとかしますから」

またひとつ、何かが動く音がしました。

展示会をどうプロデュースしたらいいかを考える中で、ＳＤＧｓと絡めてみてはどうだろう、というアイディアが出ました。来場者に対してＰＢＰコットンプロジェクトの説明が難しいのなら、説明が不要なＳＤＧｓと重ねて提案したら良いのではないか、と。

あらためてＳＤＧｓの17の目標を並べてみた時に驚きました。なんとＰＢＰコットンプロジェクトは、すでに15もの目標に向き合っていたのです。貧困、環境、エネルギー、ジェンダー、教育、産業基盤、パートナーシップ……。これまで、課題の連鎖として捉えていたものはすべてつながっていたのだということを認識しました。自分たちの活動は、まさにグローバルな方向性とシンクロしていました。

オーガニックコットンは特別な人に向けた特別な素材ではないということを伝えるため、コットンは、誰のための何にでもなれる、というコンセプトを展示テーマにしました。

石塚氏は、この展示会をきっかけに、糸を通じてＰＢＰを広げる取り組みとして「ＰＢ

ＰＹＡＲＮ（糸）」プロジェクトを開始しました。最終的な製品だけでなく、糸や生地の段階でもＰＢＰを広げていこうという取り組みです。法人会員から財団に対して新規事業の提案が出て、これまでの取り組みと重ねて新しい可能性を探っていくのはとても意義深いことでした。

２０１９年５月、YAGI with PBP EX-"Vision"「White & Unite」が開催されました。

はじめてのクライアント

展示会は盛況で、さまざまなメディアから取材を受けました。会期後にも追加取材を受けるなど、大きな反響につながりました。

アパレル業界の先輩たちも多数来場してくれ、プレゼンの場を用意するので、他の社員に向けて説明してほしい、といった依頼もありました。また、フェリシモの人気ブランドである「リブ イン コンフォート」の担当者も来場してくれました。部活の時から支えてくれていましたが、あらためてＰＢＰの取り組みに賛同してくれ、のちに一歩踏み込んだ取り組みとして、「リブ ラブ コットン ファーム」というインド現地企画を展開してくれました。

そして何より、ヤギの営業部がこの展示会を通じて、ついにＰＢＰのクライアントを獲得したのです。大きな、大きな一歩を踏み出しました。

展示会開催を振り返ってみて、法人会員を集めればあとは自然と広がっていくだろう、という考えでは甘かったのだ、ということをあらためて思い知らされました。やはり、自分は待つよりも攻めの姿勢が向いているようです。自分で考え、自分で動き、賛同してくれる人を増やしていく、やっぱりこれしかないんだな、と再認識しました。

誰かのせいにして動かない物事をはかなんでいても何も変わりません。動かない人を批判する時間があるなら、自分が動いて一緒に動いてくれる人を探す。このほうが、一度しかない人生が有意義になるし、同じ時間を過ごしていても格段に自分の引き出しが増えます。すべてのご縁と出会いに感謝し、前を向いて走り続けるしかないな、と思いました。

Ｂ to Ｂビジネスの難しさも強く感じました。これまで僕はずっとＢ to Ｃの領域でビジネスをしてきました。苦しいこともありますが、心からお客さまに話しかければ、必ずそれが伝わって、応援していただくことができていました。

Ｂ to Ｂは心から話しかけてもまず話を聞いてもらえなかったり、通用しなかったり、担当が違ったり、買ってもらう側は常に下請け的立場になってしまったりと、今まで経験したことがなかった難しさを知りました。ＢｔｏＣで開くのは個人の心と財布ですが、ＢｔｏＢで開くのは会社の方針と予算です。とても勉強になりました。

これからも一歩一歩丁寧に、大切にこのつながりを広げていこうと、殊勝な気持ちになりながらも、やはりあらためて強く思ったのが、市場を形成することの重要性です。

結局、サプライチェーンで一番強いのは消費者です。マーケットを作らなければ、いくら製品を作ったとしても机上の空論になります。もし、もっとたくさんの人がＰＢＰの商品を求めてくれているならば、こんなに苦労しなくてもアパレルブランドは喜んでＰＢＰの商品を作ってくれるでしょう。むしろ、向こうから作らせてほしい、と言ってくれるかもしれません。そう考えると、一番大事なのはやっぱり市場創造であり、まさにＳＤＧｓの流れによって大きく広がろうとしている新しい価値観の市場をつかみにいくことだと思いました。そういう価値観の人たちがあらかじめ集まっている場所を作ることができれば良いのだと。

財団設立後、作ってくれる人を増やそう、増やそうとしてきましたが、そのためには買ってくれる人を増やさないとはじまりません。広告代理店の営業担当が若かりし僕に言ってくれた言葉を思い出しました。

「葛西さん、人が集まるところには、大変な価値があるんですよ。だから広告なんてものがあるんです。広告に意味があるんじゃなくて、人に意味があるんです」

むくむくと新しい事業展開の構想が浮かび上がってきました。

新たな可能性の直感を信じて

それは、スマートフォン向けアプリの開発でした。

PBPコットンプロジェクトをアプリ化し、スマートフォンを通じてインドの現地にアクセスできるようにしたらどうだろうという考えが浮かんだのです。お客さまと現地を直接つなぐツールとして、アプリを活用する。洋服を購入した金額の一部を、アプリを通じてインドに直接寄付をする。現地の様子を見ることができ、直接インドの人々とコミュニケーションが取れるようになれば、よりリアルに現地の状況に対する理解が深まり、さらなる支援にもつながるのではないか。カタログやウェブでアナログにやっていたことを、今度はアプリで展開するのはどうだろうか。

僕は通販業界に身を置いているので、ゼロから顧客創造していく難しさをこれまでいやというほど味わってきました。何もないところから、ひとりのお客さまと出会うための途方もない努力。1万人にアプローチして100件のご注文を獲得するCVR（※2）1％の世界で生きてきました。

IT業界では、ユーザー数が100万人に満たないアプリは失敗とされるそうです。1000万ダウンロードからがやっと一人前。まず、それだけたくさんの人に支持される価値を追求してサービスを開発し、価値があると信じて投資を続け、お金が足りなければ調達し、なんとか軌道に乗るまで育て、その後さまざまな方法で投資を回収する。

仮に、PBPで1000万人のユーザーを抱えるアプリを作ることができれば、きっとアパレル各社は絶対そこに商品を売りたいと言ってくれる。幸いなことに、PBPには遠く離れたインドに1万4000世帯の農家が存在しています。時代はD to C（※3）の流れに傾きつつあります。一人ひとりの生活者がこの農家と直接つながることができるアプリを作ろう。それが実現できれば、本当の意味で日本人とインド人が直接つながって大地への恩返しをするというコンセプトが実現できる。

実はここがPBPコットンプロジェクトの勝負どころじゃないのか、という強い予感がありました。ここ数年のインド訪問で、一番感じていた変化こそがインターネットの力だったからです。インドに訪問しはじめた頃、通信手段はガラケーでした。会社で海外通話のできる端末を貸してもらい、電話をかけるのも苦労するような環境でした。それが、スマートフォンの登場とともに、レンタルWi-Fiルーターというものができ、さらに回線速度も2Gから3G、そして4Gと年を追うごとに速くなっていきました。最初は文字だけのメールを受信するにもひと苦労だったのに、画像が受信できるようになり、気がついたらウェブミーティングができるようになっていました。村人たちも、最初の頃はデジカメで写真を撮って見せてあげたら喜んでいたのに、いつのまにか小さなガラケーを持ちはじめ、ここ数年でたくさんの村人たちがスマートフォンを持つようになりました。僕のFacebookには、たくさんのインド人から友達申請が届くようになり、ウォールには毎日インドの風景が投稿されるようになっていました。

僕は、haco!のリニューアルをリードしてくれた電警（現・エヌエルプラス）の社長に電話をかけ、アプリを作ってくれないか、とお願いしました。財団だからお金もないし、儲かるかどうかはわからないけど、ITを使ってまったく新しい価値を創造できる予感がするから手伝ってほしい、とほとんど無理やりなお願いをしました。

開発を取り仕切ってくれることになったのは、専務の笠間一生氏でした。笠間氏は正直なところインドにも、綿花にも興味がなさそうでした。無理やりスケジュールをおさえ、秘書に飛行機のチケットの手配をお願いし、ホテルは勝手におさえ、「笠間さん、絶対に良いから。保証するから。日頃働きすぎてるし、ちょっとインドでも行ったほうがいいよ。

インドはIT大国だしさ。絶対何かにつながるから」と、ほとんど拉致するような形で、2019年度のインド視察に連れていきました。

きっと彼は、なんでこの人はこんなに自分をインドに連れて行こうとするのだろう、と思っていたはずです。とにかくインドの景色を見てほしかったし、空気を感じてほしかったのと、たぶんインドの神様の啓示だったのだと思います。今、冷静に考えても、IT企業の役員を無関係なインドにしかも自腹で呼ぶのは、どれだけ考えても無理があったと思いますから。

本書の冒頭で記した2019年11月のインド訪問は、こんな背景からスタートしていました。

財団設立3年目にして、はじめてのクライアントを獲得し、財団メンバーとして山田氏、榎木氏、稲垣氏、石塚氏、皆がそれぞれ視察に参加し、奨学金を得た若者がオリッサ州政府の職員になったことを現地で知ったのです。

これまで培ってきた10年を振り返り、これからの10年に向けて、アプリ開発というアイディアを具現化すべく、笠間氏と一緒にオリッサの新しい可能性を探りはじめました。

アパレルとも、国際協力とも、綿花とも、農家とも無縁の状態で現地に来た笠間氏は、やはりまったく僕たちとは見るポイントが違っていました。現地の人たちの持っている端末や機種の調査、さらには見ている画面や使っているアプリなどのチェック、農村でのインターネットのスピードチェックなど。

はじめてのインドで、はじめての農村で、はじめて手で食べるカレーにも臆せず、彼はシンプルにこう言いました。

「葛西さん、これは壮大なトラブルですね。僕は、トラブルをＩＴを通じて解決することに使命感を持って生きています。こんな大規模なトラブルはなかなかありません。現地の人たちは素直だし、これからなんでも吸収できそうです。やりましょう。可能です」

視察の最終日、いつものように交通機関にトラブルがあり、僕と笠間氏は車で8時間かけてヴィシャカパトナムまで戻ることになり、深夜にホテルに到着しました。ホテルに着いてみると案の定、部屋が取れておらず、僕たちはチェトナのアルン代表の自宅に泊まることになりました。あてがわれた部屋はひと部屋。同じベッドで寝るしかないと言います。40歳を超えたおじさん2人がエアコンのないインドの一室で同じベッドに並んで横たわり、結局朝までインドの未来とＩＴの可能性について語り合うことになりました。

「たくさん課題はあるけど、彼らの生活改善が目的なら、どうして農業だけにこだわるんですか？　ＩＴの仕事をしてもらったらいいじゃないですか」

そのひと言は、僕にまた新たな気づきを与えてくれました。これまで、僕は、農業という限られた枠組みの中で、彼らの農作物がもっと売れること、そして彼らの身体が健康になり、もっと生活の質が向上することを支援だと捉えていました。

しかし、笠間氏の発言は、僕のその凝り固まった頭に風穴を開けてくれました。それはつまり、農業を超える本質的な支援の可能性に近づいたとも言えます。僕は、もしかしたら彼らを、村に農家として閉じ込めようとしていたのかもしれない……。心のどこかで、100年経っても変わらずインドで農家をしていてほしいと思っていたのかもしれない。そんな考えすら浮かんできました。

そもそも、彼らがなぜ貧困なのかというと、カーストの影響のみならず、現在彼らが選んでいる農家という職業だけでは満足な収入が得られないからです。では、他の仕事をしたらいいじゃないかと言われても、やるための知識や能力が足りなかったり、他の職業を知らなかったり、職業が村に存在しなかったり、政府に定住政策を求められていたり、さまざまな「選択できない理由」があって毎日を過ごしています。

ITは時間や空間に縛られない仕事のあり方を提供できる可能性がある。スマートフォンがあれだけ村で普及しているのであれば、農業をしながらも、空いた時間にスマートフォンを通じてできる仕事があるかもしれません。文字を入力したり、画像をチェックしたり、全員ではなくても、簡単なことからでも、できることがあるかもしれません。日本の農家にもたくさんの兼業農家がいるように、収入向上のための選択肢がない状態に、新しい選択肢としてＩＴを使った仕事を提供できるかもしれないのです。

すでに、インド全体としては、ＩＴ分野における成長は目を見張るものがあります。数多くのグローバル企業のトップにインド人が就任しています。もちろん、それはまだ支援先のオリッサ州などには及んではいません。これから、最先端のテクノロジーとＰＢＰコットンプロジェクトをリンクさせれば、もしかしたら名もなき天才が、ＰＢＰがサポートしている綿花農家から現れるかもしれません。

僕たちは、アプリを開発したうえで、現地にＩＴセンターを開設して、現地にＩＴの仕事を導入することからはじめたらどうか、と話し合いました。まずは、日本から仕事を発注して簡単なサポート業務からスタートし、将来的にはより高度なスキルを身につけてもらえれば、さらなるステップアップにつながる。刺繍の次の仕事はＩＴにしていこう、と。

僕は彼に財団理事への就任を依頼しました。夜が明けて、部屋には明るい日差しが降り注ぎはじめていました。

笠間氏は、翌朝成田空港着で帰国すると、そのまま出社して臨時取締役会を招集し、ＰＢＰ財団への法人会員としての参加と、活動資金の寄付まで決めてくれました。

午後には、飛鳥真一郎氏と志谷啓太氏という社内の天才エンジニア2名をアサインし、すぐにアプリの開発に着手してくれたのです。2人は、有名アプリやサービスを次々と立ち上げてきた猛者たちで、彼らが作ってくれるなら、確実に夢が実現につながります。午後、関西国際空港に到着し、LINEを立ち上げたところ、その連絡が届いており、IT企業のあまりのスピード感に驚きました。

※2　CVR
Conversion Rate の略。コンバージョン率、顧客転換率などと訳され、主にEコマースサイトでのアクセスに対して、どれくらい購入や申し込みなどに至っているかを示す指標として使われる。

※3　D to C
Direct-to-Consumer の略。企画、製造した商品を店舗等を介することなく、自社で運営するECサイトで直接顧客へ販売するビジネスモデルのこと。「D2C」と表記することもある。

コロナ禍であらわになったビジネスのひずみ

２０２０年、世界を新型コロナウイルス感染症が襲いました。インドでは感染が拡大し、3月にはロックダウンが行われました。日本国内も大変な状況に陥り、まさに世界が一瞬で明日どうなるかわからないという状況に追い込まれました。

そんな中、チェトナから、緊急の支援要請が来ました。オリッサの農家が出稼ぎに出た先でロックダウンに遭い、お金を得ることができず、州政府の支援も受けられず、食費にも困っている状況だと言うのです。財団では緊急理事会をオンラインで招集し、緊急の基金拠出を行いました。

緊急拠出から1ヵ月後、今度は農家が綿花の種を買うことができないから、資金を支援してほしいという要請がありました。種子が買えなければそもそも栽培ができませんから、再度緊急理事会を招集し、今年度の活動資金への追加拠出を決議しました。一体何が起きているのかを詳しく確認すると、サプライチェーンの驚くべきひずみが見えてきました。

コロナ禍のロックダウンや緊急事態宣言で、日本を含む世界中のアパレルの小売店が店を閉めました。お店で洋服が売れないとなると、小売店側は発注していた製品の納入をストップしました。洋服を生産していた縫製工場は納入がストップされて支払いがないので、生地工場への支払いをストップ。生地工場は紡績工場への支払いをストップ、紡績工場は綿花の発注をストップ。結果、ジン工場は綿花が出荷できなくなり、農家への支払いが滞っていました。こんなことが瞬時に起きていたのです。

ジン工場には、収穫したあと、行き場を失った綿花が山のように積まれました。雨にうたれ、汚れてしまった綿花はもう使い物になりません……。

農家は、生産した作物を買い上げてもらえないと収入が得られないため、今日、生活をするためのお金にも困っているといったような状況でした。今、食べていけないという事態に重ねて、種を植えなければ来年生活するために必要な綿花が栽培できないという2つの事態が、コロナ禍で同時にやってきたのです。

サプライチェーンは時間軸を持ってつながっています。今年作った綿花は、翌年に糸になり、その糸が生地になり、その生地を作って製品が作られるので、今、店頭で売られている洋服は、今年作られた綿花からできているわけではありません。しかし、コロナ禍においてはその時間軸を飛び越えて、瞬時に農家にダメージが押し寄せました。

ことアパレルを取り巻くビジネス・サプライチェーンにおいては、川上と川下が生まれやすく、農家は常に最も弱い立場である最上流に置かれてしまい、下流の動向に逆らうことができません。今回の緊急拠出の件は、まさにその象徴的な事例でした。結果的に、コロナ禍において、サプライチェーンで一番強い立場にある消費者側からコロナ禍の前に集まっていた基金を、一番弱い立場にある農家が直面した危機に対して直接届けることになったのです。

やはり両者が直接つながる環境の構築は、最優先で取り組まなければならない課題であるということを再認識する出来事でした。

オーガナイズ・コットン

2020年6月、この取り組みはNHKでも報道され、大きな反響がありました。

コロナ禍で先の見えない毎日が続く中、番組の視聴者から問い合わせをいただき、haco! のサイトで販売していたPBPコットンプロジェクトの商品を購入するなど、遠く離れたインドの窮状に目を向けてもらうきっかけになりました。

自分の生活さえ先が見えない中で、時間も空間も超えたアクションをしていただける方々がたくさんいらっしゃったことにとても驚き、さらに背中を押してもらった気持ちになりました。

財団メンバーと話をして、種子の支援をした農家が今年栽培する綿花の収穫を使って作られるであろう来年以降の生産活動を止めるわけにはいかない、今年も展示会を開催しよう、ということになりました。緊急事態宣言や感染の拡大のたびに何度かの延期を経て、8月にYAGI with PBP Ex-“Vision”Vol.2「Organize Cotton」が開催されました。テーマを「Organize Cotton」としたのは、これまで販売するための客体物としてオーガニックコットンを扱ってきましたが、実はコットンが主役なのではないかと思ったからです。コットンによって集められた仲間たちが、未来に向けて今日アクションを起こす。そのことがまた新しい未来を作っていくのだ、ということを表現したかったのです。

本当は、農法がオーガニックであることに意味があるのではなく、農家の未来や大地の未来のことを考える人たちがたくさん集まっていくことに意味があるのです。「有機的(オーガニック)」な「つながり」こそが、僕たちが本当に求めていかなければいけないことなのです。

コロナ禍は、我々人類に強制的に立ち止まることを課しました。経済の流れ、人と人が直接会うこと、作ったモノを買ってもらうこと、買ったモノを使うこと、そういう当たり前の行動をすべて止め、新たに見つめ直すきっかけを与えました。奇しくもこの特殊な状況下で、それでも人は人とつながろうとしました。直接会えなくても、それぞれがタイミングを合わせてインターネットを介して対話し、仕事や生活を進めていく。まさに、画面の先にいる人を思いやる気持ちを、これまでにない速度で人類は手に入れたのです。

この気持ちを手に入れた人たちがこれから作っていく未来は、きっとこれまでとはまったく違う形に変化していくでしょう。自分が食べている食べ物は、どこかの農家さんが作ってくれたからここにあって、その人は今日も何かを作ってくれている。会ったことのないインドの人たちが、今日も綿花を栽培してくれていて、その結果、今日着る洋服が目の前にある。

そんなやさしい想像力で世の中が満たされていった時、人類はコロナに打ち克った、と言えるのかもしれません。

サステナブル・デベロップメント

ＰＢＰコットンプロジェクトは、このように続けてきたプロジェクトです。あらためて見返してみても、困難だらけのトラブル続き、今に至っても不安で、不安で仕方がありません。心が折れる音を何度聞いたかわかりませんし、何度やめようと思ったか数え切れません。きっとこれからもそうなのでしょう。

最近になって、ＰＢＰコットンプロジェクトはサステナブルな取り組みですね、と言われる機会が増えました。この場合、「サステナブル＝良いこと」という文脈に即していることがほとんどです。しかし、本当にそうでしょうか。

「有機農法＝良いこと」。本当にそうでしょうか。農薬も化学肥料も使わず農作物ができるということは、農薬や化学肥料が補填している力を何かが補っています。草を抜く、糞を使って肥料を作る、虫がつかないように苦心する、収穫量を得るために努力する。そういった苦労を経て得られるものだから、それを「実行している人」が尊いのだ、と僕は思います。苦労してそういうことをしている人たちへの「称賛の気持ち」として、そうして作られた商材を選ぶということがとても重要だと思います。

環境にやさしい、人にやさしい、未来にやさしい……。耳ざわりの良いそういう言葉たちは、少なくともこの12年間、自分が動くための動機になることはありませんでした。良いことだから続けられる人は、本当に限られた人たちなのではないかと思います。もしくは、愛の余剰がある人たち。人類がすべてそういう人たちになれたら、きっと争いのない素晴らしい日々が訪れるのだと思います。でも、現実はそれほど簡単ではなく、オリッサのような地域では、愛の余剰のある状況はなかなか望めません。

僕の場合は、続けることに耐え、変わろうとあがいている時に、必ず助けてくれる人が現れました。そういう人との出会いは、もう駄目だと思っていた自分の気持ちをもう一度奮い立たせ、新しい未来を見せてくれました。新しい未来が見えると、そこにたどり着きたくなるからもう一度頑張る。あくまで自分がそうしたいからそうしているのであって、客体としての地球や、他人や、未来は、その成果物、通過点であったように思います。

矢﨑勝彦会長が常々言っていた言葉があります。Sustainableは「持続可能」と訳すのではなく、「永続的」と訳さなくてはいけない。Developmentは「開発」と訳すのではなく、「発展」と訳さなくてはいけない。つまり、Sustainable Developmentとは、「永続的発展」。昨日の自分より今日の自分がより成長しているための状態を常に維持していることを言うのです。

環境のことを考えて再生紙を使う。プラスチックゴミを出さない。脱炭素エネルギーを使う。すべて尊いことです。物質的なモノを消費行動から変えていくことは、非常に有意義です。

そのうえで、本当の意味でサステナブルであるということは、モノを変えることより人が変わること。人が変わるからモノが変わる。誰かの作ったモノを使用しながらも、自分が生産するモノを変えていくことです。人間は生きている限り全員、必ず何かを生産しています。仕事でも、料理でも、言葉でも、なんでもいいのです。どんなにちっぽけに見えても、それは自分にとって、関わる近しい人にとって、とても大きな生産です。ありがとうと言う。美味しいと思う。明日も生きようと思う。それらはすべてあなたがいたから生産された「何か」です。

続けることは、耐えること。続けることは、変えること。変わろうとする自分であり続けることを目的に、志をともにできる新しい出会いを求めること。

そして、変わらない誰かを否定しないこと。知っている人たちだけの村を作って安住しないこと。あくまで自分が永続的発展をしている状態なのかどうかだけを見ること。これが、セルフ・デベロップメント・ゴールズ（ＳＤＧｓ）なのではないかと思っています。

SDGsのレンズでPBPを見てみる

山田浩司

やまだ・こうじ。岐阜県出身。独立行政法人国際協力機構（JICA）職員。民間金融機関勤務を経て1993年にJICA入構。前ブータン事務所長。一般財団法人 PEACE BY PEACE COTTON 理事。

SDGs時代に高まってきたPBPへの注目

2015年9月25日、国連は総会において「持続可能な開発のための2030アジェンダ」を採択した。当時JICA企画部でその策定プロセスを追いかけていた私にとって、「持続可能な開発目標（SDGs）」の制定はひとつの到達点といってよい。と同時に、私にとって次なる課題は、SDGsをJICAの組織内だけでなく、「自分ごと」として日本社会に広く浸透させることだとも考えはじめていた。

その頃、私はフェリシモのＰＢＰ事業からは遠ざかっていた。２０１０年7月、同社とチェトナ・オーガニックのＭＯＵ締結を見届けてインドを離任した私にとって、個人的なボランティアならともかく、ＪＩＣＡの職員としてＰＢＰ事業に関わる途（みち）はほぼ閉ざされていた。その間、ＰＢＰコットンプロジェクトは、２０１１年には社会貢献活動のデザイン部門でグッドデザイン賞を受賞し、２０１３年には新設のソーシャルプロダクツ・アワードの初代受賞事業になるなど、脚光を浴びつつあった。

もはやＪＩＣＡ事業の一環として支援せずともＰＢＰは自立発展できそうだ。そう思いつつも私は、２０１５年10月のある日、東京出張中だった葛西龍也氏に連絡を取り、会えないかと打診してみた。

そして、麹町のカフェで久しぶりに会った彼に、私はＳＤＧｓの17ゴール１６９ターゲットの一覧表を見せ、こう提案した。

「ＳＤＧｓの時代こそ、ＰＢＰの貢献をもっとアピールしないか？」

ＳＤＧｓは横断的理念として「誰も取り残さない」と掲げているだけでなく、各ゴールが相互に連関している点や、開発途上国だけでなく先進国もその国内での取り組みを通じた貢献も求められる点、そして政府だけでなく、企業や市民も取り組み主体として貢献が求められる点が特徴とされている。

ＰＢＰの最初の事業地となったオリッサ州南部カラハンディ地方は、インドでも最貧困地域のひとつで、１９８５年には乳幼児が40ルピーで売られていると報じられ、全国に知られていた。加えて、テランガナ州北部は、２０００年代に入ってコットン生産農家の自殺問題が顕著な地域のひとつである。

ＰＢＰのインド事業の２本柱のうち、有機栽培移行支援は目標１（貧困をなくそう）や目標３（すべての人に健康と福祉を）、目標12（つくる責任つかう責任）などに、そして教育支援は目標４（質の高い教育をみんなに）と目標５（ジェンダー平等を実現しよう）などの達成に取り組むものである。また、ＰＢＰが行う日本国内での**コーズ・マーケティング**（※1）や開発教育・環境教育活動も、目標達成に貢献する取り組みだと言える。（図表参照）

取り残してはならない土地で、取り残してはならない人々の自立を支援する事業を行うことで、数多くの目標達成に取り組んでいる――特定課題解決をめざした国際協力を多く見てきた私にとって、ＰＢＰが持つこうした特徴は、極めて魅力的に映った。それが、葛西氏に「ＳＤＧｓと関連づけてＰＢＰを推せ」と勧めた理由である。

その後、葛西氏がＰＢＰの訴求方法を劇的に変えたわけではない。しかし、日本国

目標１　貧困をなくそう
事業対象地域での極度の貧困の軽減、脆弱な状況にある人々の外的ショックに対する強靭性（レジリエンス）の構築に努めている。

目標２　飢餓をゼロに
女性、先住民、家族農家などの小規模食料生産者の生産性と所得の向上とともに、生態系の維持や極端な気象現象への適応能力の向上と土地と土壌の質の改善を図り、持続可能で強靱な農業を実現する。

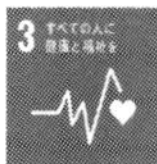

目標３　すべての人に健康と福祉を
有害化学物質、水質及び土壌の汚染による死亡や疾病の件数を減少させる。農民の自殺の件数を引き下げる。

目標４　質の高い教育をみんなに
MAADプログラムを通じた農業技術教育、文化多様性と地域文化の理解のための教育を推進する。先住民や女子、脆弱な立場にある子どもへの奨学金給付で、高等教育へのアクセスを提供する。

目標５　ジェンダー平等を実現しよう
女性に対する技能向上研修、起業支援を通じた経済的エンパワーメントに取り組む。女子向け奨学金給付で高等教育へのアクセスを改善する。

目標８　働きがいも経済成長も
日本での持続可能な消費と生産への意識啓蒙を通じ、経済成長と環境悪化の分断を図る。すべての人々が、働きがいのある人間らしい仕事を得られる。児童労働の撲滅を進める。

目標１０　人や国の不平等をなくそう
所得下位40%にある人々の所得成長率を、国内平均以上に高め、維持する。性別や階層、経済的地位などを問わず、すべての人々の能力強化と社会的包含（インクルージョン）の促進に取り組む。

目標１１　つくる責任つかう責任
日本国内における持続可能な開発や自然と調和したライフスタイル実現への意識啓蒙。持続可能な消費・生産形態促進のための、途上国における技術的能力の強化。

目標１５　陸の豊かさも守ろう
陸域生態系の保全と回復、持続可能な利用を確保する。劣化した土地と土壌を回復し、土地劣化に加担しない。種子遺伝資源の保全と適切なアクセスを推進する。

目標１６　平和と公正をすべての人に
農民組織化と現地NGOの介在により、農産品の価格交渉力を強化する。SHGや農業生産者組合、女性グループの組織化などを通じ、民主的な意思決定を確保する。

目標１７　パートナーシップで目標を達成しよう
途上国のための追加的資金源の動員。輸出市場へのアクセス提供。マルチステークホルダーの参加による、効果的な公的、官民、市民社会のパートナーシップを推進する。

PBP コットンプロジェクトが主に取り組んでいるゴール（筆者作成）。

内で「ＳＤＧｓ」が浸透していくにつれ、おのずとＰＢＰへの周囲の注目も徐々に高まっていった。２０１９年５月に株式会社ヤギが東京・千駄ヶ谷で開いた展示会で、ＰＢＰロゴの横にＳＤＧｓロゴを並べた展示パネルを用意したところ、会場で多くの引き合いがあったと聞く。

※１　**コーズ・マーケティング**
Cause Marketing。特定の商品・サービスの購入が寄付などを通じて環境保護や社会貢献に結びつくことを購入者に訴求することで、販売促進、製品ブランドや企業のイメージアップをねらうマーケティングのこと。古くは「ベルマーク運動」がそれとして知られている。

誰もが参加できるパートナーシップで包括的なニーズに応える

ＳＤＧｓ制定後、これに最も敏感に反応して貢献度合いのアピールに用いているのは、実は企業である。ＰＢＰも、製品本体だけでなくそのバリューチェーン全体で持続可能なシステム作りを目指す企業プロジェクトという点では、ＳＤＧｓ貢献企業と同じアピールの仕方があったはずである。しかし、ＳＤＧｓ制定より7年も先行してはじまっていたにもかかわらず、ＰＢＰは発足当初から「消費者参加」の視点を強く意識してきたため、フェリシモも企業としての貢献材料としてそれほどアピールしてこなかった。

２０１２年10月、世界銀行インド事務所が東京とつないで企業の社会貢献に関する啓発セミナーを開催した。葛西氏がパネリストとして登壇するということで私も会場でセミナーを傍聴したが、そこで彼が「ＣＳＲ」を、「企業の社会的責任（Corporate Social Responsibility）」ではなく、「消費者の社会的責任（Consumer Social Responsibility）」と再定義し、発言していたのが強く印象に残っている。

ＰＢＰの目標17（パートナーシップで目標を達成しよう）への貢献とは、オーガニックコットンのバリューチェーンをめぐる、「着る人」（消費者）と「売る人」（日本企業）、そして「作る人」（生産農家と現地ＮＧＯ、そして中間に位置するさまざまなステークホルダー）の、三者のパートナーシップという視点からまず捉える必要がある。加えて、その頃からすでに、葛西氏の頭の中には、ＰＢＰを一社プロジェクトからオープン化に進める構想があった。

コットン生産農家の有機転換を意図してはじまった事業も、2015年頃になってくると、3年間の移行期間を終えた農家が増える一方、支援対象地域ではコットン栽培の有機化以外にもさまざまな開発ニーズが顕在化してきていて、これらにどう包括的に応えていけるかが問題となりつつあった。

ファッション・アパレル企業一社によるプロジェクトのままだと、本業に関連しない支援ニーズが現場から出てきても、それに応じるのは基金付き商品を購入してくださる消費者への説明が難しい。

オープン化は、一社プロジェクトのままだとカバーしにくい開発の諸側面に、他業種の企業や市民社会組織、研究者などがプラットフォームに参加することで取り組む途を拓くもので、パートナーシップをさらに進化させ、プロジェクトの包括性をさらに高める可能性を秘めている。

実際、電警(現・エヌエルプラス)のようなIT企業が2019年12月に参加したことにより、PBPアプリ開発が進み、多くの支持者が現地の特定小口事業を選んで小口資金拠出を表明するプラットフォームができつつある。

さらに、財団法人化によるオープン化は、私のような他に仕事を持つ個人が、プロボノで事業運営に携わることにも途を拓いてくれた。現在、財団法人の理事は、全員がこのような形でＰＢＰ事業の運営に関与している。参加するすべての人の笑顔と、豊かな大地がずっと先の未来まで続くことをめざして、有志が個人の意思で集い、それぞれの出身組織やその他の組織に働きかけて、より広範な開発課題に取り組めるよう発展してゆく余地が広がった。

本書の読者の皆さん自身も、オーガニックコットン製品購入以外のチャンネルを通じて、事業に参加できるようになってゆくだろう。

新型コロナウイルスが突きつけた新たな課題

２０２０年に全世界を席巻した新型コロナウイルスは、インドにも大きな影響を与えた。３月25日には21日間の全国ロックダウンが導入されたが、感染拡大は封鎖解除後勢いを増し、10月末現在、累計感染者数は８１０万人を超え、米国に次ぐ世界第２位となっている。

その影響は、約１億人はいるとも言われる出稼ぎ労働者にも及んでいる。農閑期になると出稼ぎに出て収入に充ててきた彼らも、全土封鎖により帰郷を余儀なくされ、収入機会を失った。

ＰＢＰの事業地でも、12月にコットン収穫を終え、２月に豆類収穫を終えると、次の米の作付けまでの３ヵ月ほどの間、グジャラートやムンバイに出稼ぎに出る土地なし農民が多かった。インド有数の貧困地域と言われるオリッサ南部だが、その中でも農地を所有する農民と土地を持たず日雇い労働に従事する農民とでは、影響の受け方が異なる。はからずも新型コロナウイルス感染拡大は、一見するとともに農作業をやっているようにしか見えない農民の間にも格差が存在するという現実を、私たちに突きつけた。

感染拡大を防止する方策や感染確認後の医療体制の整備はもちろんのこと、全体が貧しい中でも最も困窮している人々を特定し、収入の落ち込みを軽減できる就業機会を得られるよう、働きかけていくことが求められる。

今、最も取り残されそうな人が誰なのか。そうした人々に対して、遠く離れた日本に住む私たちができることは何か――ウィズ・コロナの時代に、ＰＢＰがさらに突き詰めてゆかねばならない挑戦はそこにある。

おわりに

最近、日本では新しい生き方をしている人たちがたくさん出てきています。インターネットを通じて仲間を集め、どんどん夢を実現していく人。事業に成功して大金を稼ぎ、そのお金をインターネットを通じて配っていく人。毎日動画配信を頑張って、たくさんの視聴者を獲得し収益を得ている人。それらの人たちは、自分で自分の人生を選択し、プレッシャーに耐え、まだ誰も見たことのない風景を見ようとして日々挑戦し続けています。

でも、なかなかそこまでできる人は限られています。ほとんどの人は、なんらかの組織に属しながら、組織のルールの中で、毎日を過ごしていると思います。僕もその大多数の部類に入る、普通のサラリーマンです。しがらみの中で生き、能力の足りなさに日々へこたれそうになります。

正直、誰かが10億円くらいポーンと出して、「インドの農家、引き受けます」と言ってくれないかなあ、と妄想したりします。お金さえあれば、そこに経済が生まれ、循環が生まれ、多くの人が動くでしょう。しかし、それで製品が売れるかどうかは別問題です。10億円あったって、市場が認めなければいつかはそのお金はなくなります。農家の支援プロジェクトである以上、農家の作ったものを販売し、そこから得た収益を使って次の投資をしていかないと、消費だけをしていては、いつかはやっぱりお金はなくなります。
その市場、つまり欲しいと思ってくれる仲間たちを作るということが、一番重要なことであり、大変なことでもあります。需要と供給が一致するそんな市場が出来上がった時、つまり支援を必要としない状況を作れた時、ようやくこのプロジェクトを終えることができます。

終わるために続ける。やめるために続ける。サステナブルとは真逆のように感じられるかもしれません。でも、これが隠すことのない本心です。

インドでは会社法が改正され、売上額や営業利益など、一定の要件を満たす会社に対し、直近3会計年度の純利益の平均2％以上をCSR活動に支出することが義務付けられました。企業によるCSR活動の義務化の取り組みは、インドが世界初だと言われています。
アパレル業界のみならず、業種や業態を超えてインドに関わるさまざまな企業にプロジェクトに参加してもらうことが可能になりつつあります。そうなれば、橋を架けたいなどの土木の課題、荷物が届かないなどという物流の課題、自動車やバイクなど移動手段の不足という課題、医療物資や生活物資などさまざまな必要物資の不足の課題にも取り組んでいくことができます

PBPコットンプロジェクトのすべきことは、まだまだ増えていきそうです。自分が生きている間には終われないかもしれません。この本を読んでくれた方の中に、僕が手伝ってやる、私が引き継いであげる、そういう気持ちになってくださった人がもしいたとしたら、ぜひPBP財団のサイトからご連絡いただければと思います。

謝辞

本書にお名前を記載できなかったすべてのみなさまに感謝申し上げます。

2008年のプロジェクト発表から、これまでずっとPBPを支えてくださった一人ひとりのお客さま。

プロジェクト創成期にインドオーガニックコットンの調達、製品開発に多大なご尽力を

いただいた豊島株式会社の皆さま。

これまでＰＢＰの製品を作ってくださった日本中、世界中の取引先の皆さま。

インド事務所のみならず、国内のたくさんの事業拠点でご協力いただいたＪＩＣＡの皆さま。

スクール・コットンプロジェクトに参画いただいた日本中の学校の先生、生徒の皆さま。

ここ数年、プロジェクトを会社一丸となって支えてくださっている株式会社ヤギの皆さま。

アプリの開発や現地でのＩＴ事業創出を通じてＰＢＰを次のフェーズに連れて行こうとしてくれている株式会社エヌエルプラスの皆さま（財団の運営実務もありがとうございます！）。

ＰＢＰ財団法人会員のみなさま。ＰＢＰに賛同くださっているすべてのアパレルブランドの皆さま。

天国にいるＲＡＯさんはじめ、これまで現地の農家さんのサポートに全身全霊で取り組んでくれたチェトナ・オーガニックの皆さま。

Special Thanks to, G.S.RAO, Rama Krishna, Samatha Valluri, Vipul Kulkarni, Yenuka Srikar, Arun Biswal, Ashok Kumar, Biranchi Khamari, And All Chetna staff.

僕のような人間を採用し、育て、プロジェクトを任せ、インドの農家のため、地球の未来のため惜しみない投資と意思決定をしてくれた、株式会社フェリシモの皆さま。

プロジェクトも、僕のことも、常に最前線で支えてくれている haco! のみんな。

そして、最後まで読んでいただいた読者の皆さま。

普段、文章を書いている人間ではないので、読みづらいところだらけだったかと思いますが、このご恩は忘れません。いつかきっと恩返しいたします。

これからも、PEACE BY PEACE COTTON PROJECT をよろしくお願い申し上げます。

◆参考文献

「インドにおけるオーガニックコットン生産の概況」
国際協力機構（ＪＩＣＡ）インド事務所／２００９年７月
「平成21年度情報業務における『オーガニックコットン表示ガイドライン策定に係る調査報告書』」
独立行政法人中小企業基盤整備機構／２０１０年
『現代インド・南アジア経済論』
石上悦朗・佐藤隆広（ミネルヴァ書房／２０１１年）
『内発的自然感覚で育みあう将来世代―インド植林プロジェクトを通して学ぶ』
矢崎勝彦（地湧社／２０１１年）
『超店舗 幸福の経営を求めて』
矢崎勝彦（樹福新書／２０１２年）
『新版 南アジアを知る事典』
辛島昇、他（平凡社／２０１２年）
『ともにしあわせになるしあわせ――フェリシモで生まれた暮らしと世の中を変える仕事』
矢崎和彦（英治出版／２０１３年）

著者とオリッサ州政府の職員になった青年

葛西龍也（かさい・たつや）

1976年生まれ、岐阜県出身。1999年、大阪大学経済学部卒業後、株式会社フェリシモ入社。「事業活動を通じた顧客との共創と社会課題の解決」をモットーにさまざまなプロジェクト、市場開発、事業開発、事業提携に関与。株式会社フェリシモ 執行役員、株式会社Cd. 代表取締役、株式会社LOCCO 共同代表取締役。一般財団法人PBP COTTON 代表理事。

https://pbpcotton.org/

セルフ・デベロップメント・ゴールズ
SDGs時代のしあわせコットン物語

協力　一般財団法人 PBP COTTON
デザイン　大岡寛典（大岡寛典事務所）
ロゴ刺繍　二宮佐和子
構成　長谷川華
編集　谷水輝久（双葉社）

※本書文中の所属、および肩書は当時のものを記載しています。

2021年2月13日　第1刷発行

原作　葛西龍也
発行者　島野浩二
発行所　株式会社双葉社
〒162-8540
東京都新宿区東五軒町3番28号
☎（03）5261-4818（営業）
☎（03）5261-4869（編集）
http://www.futabasha.co.jp/
（双葉社の書籍・コミック・ムックが買えます）

印刷・製本所　中央精版印刷株式会社

ISBN978-4-575-31603-2 C0076